悦生活

日本株式会社 X-Knowledge 编著

何恒婷 译

厨房那些事儿

みんなの
台所
しごと

中国轻工业出版社

目录

功能强大 + 个性化
简易生活厨房

杂货、绿植、室内装饰品
空间考究的厨房

便当、点心、每日料理
在厨房爱上料理

打造简单又可爱的餐桌

注：本书中出现的日本商品及店铺名称均为日本 2016 年 3 月时的名称，若有变动，请以实际为准。

holon 的厨房

比起烹饪更爱收拾打扫
纯净质朴，心情才好

————

日本东京都·公寓
夫妻 +2 个孩子（分别是未到 1 岁和 4 岁）

厨房时间	早上	中午	晚上
	工作日： ☀ 15 分钟	☀ —	☾ 40 分钟
	休息日： ☀ 15 分钟	☀ —	☾ 40 分钟

厨房的清扫频率	灶台四周：每次饭后	采购频率	每日一次
	水槽四周：每次饭后		

最爱厨事	我喜欢整理和打扫房间。烹饪不是很擅长，但如果把厨房打扫得干净整洁的话，烹饪时的心情也能变好。最近孩子们也常给我打打下手，帮我煮饭或做沙拉之类。

最爱的厨房光景

我每天都要在厨房里干活，兴许是自我满足吧，我很喜欢从图片里的这个角度放眼看到的场景，因为里面有很多我喜欢的小物品。将这个场景定格并拍照，之后再仔细观察，仿佛又能有新的发现，乐趣十足。现在是圣诞前夕，厨房是不是略显杂乱啊？挂在墙上的收纳袋里面虽然只放了一些简单的生活用品，但是造型很漂亮，我很喜欢。

🕐 2015.12.7　上午 10:00

咖啡的保存方法

咖啡粉是通过通信贩卖（指日本商家通过各种媒介推销、贩卖商品的形式，包括电视购物、网络购物等）买的"加油时刻的特制混合咖啡"系列。储存瓶里装不下整整一袋咖啡，剩下的便装进密封袋里，再用拉链式的封口棒封住包装袋冷冻保存。我会在每天早上用滴滤壶冲好一整天要喝的咖啡，倒在保温杯里慢慢喝，这样一直到傍晚都能喝上热腾腾的咖啡，而且还能随手做一杯黄油咖啡，非常方便。

🕐 12.6　上午 9:00

厨房清扫小帮手——方便的报纸

我们家没有订报纸，所以每次去购物时都会多要一些以备不时之需。将报纸一张一张地折好放在水槽下备用，在煎炸食物时，可以铺几张在地板上以防油渍四溅，还可以用来包裹烹饪过程中产生的垃圾，很方便。可能一开始会有点复杂，但只要事先辛苦一点，将每张报纸都一张一张折好的话，之后用起来就很省事。

🕐 9.2　下午 3:00

⏱ 8.18　上午 8:00

收拾好锅碗瓢盆
今天收工

　　我喜欢每天在忙完厨房的活儿后尽早将锅碗瓢盆收拾好。洗好餐具之后，用提花织的擦碗布把餐具一个一个地擦干净，然后把它们放回原来的位置，虽然程序有点复杂，但我却乐在其中。比起洗完后就放任不管，这样更能让我心情舒畅。厨房如果收拾得干净整洁的话，第二天早上的心情也会变得不一样，而且感觉生活也渐渐变得井井有条起来。

⏱ 8.13　下午 6:00

最适合袋装咖喱的加热方法

　　今晚简单做了一人份咖喱当晚餐。我试了试在网上发现的加热袋装咖喱的方法，只需在煎蛋锅里加入开水就可以了。因为煎蛋锅和袋装咖喱大小相差无几，所以需要用的开水量很少，但加热效果却很好，而且不会弄脏厨房，所以饭后的清理工作也比较简单。这可真是个奇思妙想！题外话了。图片中的夹子可将袋子里的咖喱全部挤压出来，非常方便。

⏱ 8.4　下午 3:00

充分利用厨房上方空间

　　我不喜欢在厨房台面上摆放很多东西，于是就充分利用了一下排风扇上的空间，需要用到的是两个S型的挂钩。最近，我把消毒奶瓶的专用钳挂在了上面。珐琅马克杯用强力磁铁紧紧地吸在排风扇上，这样收拾杯子很方便。像这样将水槽和操作台表面清空的话，后续打扫也会很省事。

餐具抹布随意存放

图片里的是我每天都爱用的棉质提花擦碗布。我把它们随意堆放在水槽上的吊柜里（图片左下）。我一般会多备一些，放在易于拿取的地方，这样用起来不会舍不得，而且还很方便。消毒的话，如果量多就用大锅煮，少的话就用小牛奶锅煮。煮时加入含氧漂白剂和碳酸氢三钠洗涤剂各1茶匙，这样还可以一并把锅清理干净。

日常采购我选择网上超市

我们家没车，像尿布、水等又大又重的物品我们一般在亚马逊网站上买。天气好的时候，也偶尔在散步时顺便去购物，但食物和日用品的采购一般还是选择便利的网上超市。晚上悠闲地在电脑上下个单，第二天，商品就能直接送到家门口，非常方便。网上购物不受天气影响，也能避免在实体店盲目消费，还能增加干家务活的时间，很有效率。

重新规整水槽下方收纳空间

我重新规整了一下水槽下方的收纳空间，决定只将厨房用品放在这里。原本放在这里的意面盒被我放进了冰箱，常用的碗、砧板、平底锅及玻璃锅盖分别用三个盒子隔开放在抽屉的右侧，这样方便拿取。抽屉左侧再塞进一个家用面包机，这样一来，抽屉里还能腾出一小部分空间，我很满意。

装点厨房的精致饰品

　　我在厨房背面的墙上挂了一个大大的相框，相框内的艺术品按个人喜好，随季节更迭而不断变化风格。图片中的是一位日本艺术家的纺织作品。这是一个有着细腻花纹的可爱的手帕。这个手帕除了可以当装饰品裱好装饰在墙上以外，还可以用来遮挡东西或包裹便当，既实用又美观，我非常喜欢。

🕐 4.21　下午 3:00

空无一物的吧台

　　我家的厨房吧台空无一物，仅有一个夹在桌面的台灯。回到家后我会暂时将信件、包或手机放在上面，但过一会儿就会将它们收拾好。如果吧台上空无一物的话，清理厨房时就可以顺手也把吧台一并清理了，非常方便。柜台的墙上挂着的针织装饰画，是我用买的小物件自制的。这个装饰画还可以很好地隐藏插头呢。

🕐 2.25　上午 10:00

我家的节能冰箱

　　在我家，酱油、味醂、醋等液体调味料一般会放在冰箱门上的盒子里。为了保证调味料的新鲜度，我一般都选购小瓶装的。一些零散的小东西就放在牛奶纸盒做成的小盒子里。冰箱是双开门的，尽量有意识地将冰箱内的东西按种类摆放在左右两侧，拿取东西时，只需开半扇门就可以了，这样冷气流失得少，可以省不少电呢！

🕐 2.19　下午 4:00

① 2016.1.7　下午 4:00

终于下定决心，重新规整冰箱上的收纳空间

　　冰箱上左侧的通信贩卖的纸箱子里放着锅帽，右侧印有FELLOWES字样的盒子里放着刨冰机、多层方木盒等应季物品。锅帽常用于经常食用炖煮食物的冬季，我没有将它敞开放在看得见的地方，而是固定放在冰箱上没有盖子的盒子里。高处的收纳盒应尽量选择轻纸盒，这样方便拿取。

① 2014.12.30　下午 5:00

储物盒升级

　　我把用了很长时间的塑料制储物盒换成了玻璃材质的。因为塑料制的储物盒洗净后水分不易挥发，且易串味、易老化。虽然也考虑过更换设计感更强的珐琅材质的储物盒，但考虑到珐琅不能进微波炉、瓶身不透明等问题，最终还是选择了耐热的玻璃材质。这样的话，除了不能直接用明火加热外，放入烤箱、微波炉里加热都没问题。这样既节省了保鲜膜，还可以直接当碗使用。

夏日饮品

　　夏日，我常喝的饮品就是图片中的这两种。一个放在冰箱里，瓶内装着的是冰滴咖啡，一个不放冰箱，装着的是大麦茶。大麦茶不放冰箱，一是为了减少开关冰箱的次数，二是为了方便孩子饮用。咖啡只要在头天晚上做好，第二天一早可省去泡咖啡的时间，而且还可以轻轻松松做上一杯牛奶咖啡。再过几天夏季就要结束了，再喝它们就该来年了。

🕐 2015.9.29　上午 7:00

厨房的酷热大作战

　　一到8月，厨房就会变得酷暑难耐。这时，若在厨房背面的架子上放一个矮脚小风扇的话，清风徐徐吹来，可以带来阵阵凉意。虽然家里也会开空调，但厨房还是很闷热，我一般会用手绢裹住食物用保冷剂围在脖子上，或者时不时地喝一点大麦茶以祛除暑热。坚持喝了一段时间，感觉贫血的症状也改善了不少。

🕐 8.1　上午 1:00

打扫完毕!

　　明天开始就是三连休了！我怀着无比雀跃的心情早早地把厨房收拾干净。排风扇处挂着S型挂钩的地方是我家的一个物品临时收纳处，现在这里挂着几个香蕉。香蕉挂在这里天天能看见，不会等变黑了才想起来没吃。而且香蕉也不重，挂在上面不会给排风扇造成太大压力。我不愿使用香蕉挂架，在我家，香蕉一般都挂在排风扇上。

🕐 2015.4.28　下午 8:00

4 岁啦! 生日快乐!

　　今天是孩子的生日，像往年一样，我给他做了一个生日蛋糕。我不大擅长做甜点，所以就简单地做了孩子们都爱的草莓奶油蛋糕，幸好现在这个季节草莓又便宜又好吃（哈哈）。海绵蛋糕参考了网上的食谱"松软可口的牛奶海绵蛋糕"。虽然平时不常做，我发现这种不含任何添加剂的甜点还真挺好吃的！

🕐 4.10　下午 5:00

yumimoo65 的厨房

致父母亲朋
以食物传达心意

————

日本广岛县·独栋
夫妻 +3 个孩子（分别为 2 岁、8 岁和 11 岁）

		早上	中午	晚上
厨房时间		工作日：☀2 小时 休息日：☀1 小时	☀2 小时 ☀2 小时	☽2 小时 ☽2 小时
		我因工外出的时候，大女儿会帮忙做饭。		
厨房的清扫频率	灶台四周：每次饭后 水槽四周：每次饭后	采购频率	每周三次	
最爱厨事	我很享受兴奋地等待结果的过程，如烹饪过程中蔬菜的提前准备工作。将田里采来的满是泥巴的白萝卜洗净、削皮，期待它变得光滑干净的感觉总是那么好。我还很享受点心在烤箱里慢慢烤制的过程，也享受果酱瓶被"咕嘟咕嘟"煮沸消毒的过程。它们总能让我的心情变得平静起来。			

一边准备晚餐，一边……

我买了一块很不错的猪腿肉，家里还有刚采来的白萝卜，我把它们放进锅里"咕嘟咕嘟"慢慢地炖煮。希望大家都会爱上这道菜。烹饪中产生的垃圾，如蔬菜皮等，我一般会先放在摊开的报纸上，待手头的工作告一段落后再从厨房后门倒进田里的堆肥里，这样堆肥能更有营养。对了，昨天老公问我"生日想要什么礼物"，这可真是个甜蜜的烦恼啊。虽然离我的生日还早，但还是满怀期待地一边烹饪，一边思索着答案。

🕐 2016.2.22　上午 10:00

水壶的指定席

我家有三个水壶，就是图片中的这几个。最常用的是右边的两个，我每天都用它们装大麦茶或咖啡。每次用完后，就把它们放在厨房背面的柜子上（站在灶台处，一回头就能看见的地方）。这样不仅方便拿取，而且再摆上一些喜欢的道具的话，看起来也会更美观。

🕐 2015.8.27　下午 2:00

🕐 9.18　上午 6:30

一天中的好时光

　　每天早上，听听大儿子细说他的梦境和老公小酌一杯咖啡，这已然成了我每日的必修课。我很喜欢这样的时光，哪怕只有短短的几分钟。今早的话题有点严肃，但不管发生什么都要努力加油哦！我握着老公的手，不觉心中轻松不少。比起腰缠万贯，我更希望能在平凡的生活中和喜欢的人一起互助前行。

🕐 7.25　上午 9:00

收纳药品的固定场所——吧台

　　如果生病医生给开了药的话，我会在厨房吧台上留一个小角落专门用来放药，把药放在玻璃杯旁的方形陶器里，再把一直放在那里的冷却开水的器具移开一点就可以了。把药放在吧台的话，冲起药来非常方便，而且饭后也不容易忘记吃药。装药的纸袋我不是很喜欢，所以一般都换成带标签的塑料封口袋。

🕐 6.2　下午 7:30

厨房旁的家庭菜园

　　我在厨房后门出口处开垦了一块菜地，这是我人生中第一次栽苗种地。我种的蔬菜有便当常用蔬菜以及孩子们推荐的圣女果，也是我最喜欢的品种。据说番茄怕雨，所以我正在制作一个塑料雨篷，今后打算再种一些大番茄。等条件成熟后，我还打算栽种一片草地。现在，每天早上我都会一边喝着咖啡，一边观察我的蔬菜，满心期待着它们成熟的那天。

更衣室毗邻家务室
方便不止一点点

🕐 5.14　上午 10:00

  我家的更衣室和家务室都紧邻着厨房，这是我家房屋布局中最合理的地方。因为像烹饪、洗衣服、分类垃圾以及熨烫衣服等家务都可以同时进行，所以这些房间集中在一起是再便利不过的了。这种空间布局灵感源于之前租房的经历。建议有盖房子或改装房屋计划的朋友，在施工前可以先把自己认为做家务活中不方便的地方以及整个家务的流程列个清单，这能给装修带来不少灵感。

在垃圾箱上贴回收日期

🕐 4.23　上午 9:00

  给大家介绍一下今天一个成功的尝试，那就是给垃圾箱贴标签。图片里的是我的垃圾箱。每个垃圾箱的正上方和侧面都贴上了表示垃圾箱用途的标签，另外，垃圾的回收日期也贴在了正上方，这样家人都一目了然。再也不用动不动就问"有毒垃圾什么时候回收啊？"这样的问题了，这比写在日历上还方便。

纸箱妙用

  我家有些用了数十年的无印良品的瓦楞纸收纳盒。最近，我把收纳盒的抽屉部分取出放在旧衣柜里做隔层用，剩下的外框原本以为毫无用处，不料却意外发现它的又一项功能——储存液体调味料。将液体调味料瓶放进纸盒里大小刚刚好，瓶子之间不会相互碰撞，看过去也显得整齐清爽。省去了为了装液体调味料专门买这种收纳盒，朋友们不妨试试这种收纳方法。

🕐 4.20　下午 2:00

最爱戚风

　　我最喜欢做的点心当属戚风蛋糕，每周都会做一两次。比起自己吃，我更喜欢为家人或朋友制作戚风。今天很特别！需要给家里的客人做戚风，这让我心情比以往更紧张。但万万没想到的是，这次的戚风蛋糕做得特别好，可以说比以往任何一次都成功！真是谢天谢地！不过，现在高兴还太早，蛋糕脱模尤为关键，来不得半点疏忽。做好的蛋糕需要冷却至少4小时，之后的脱模就是一招定胜负了。老天保佑我不要失败啊！

🕐 2016.2.16　下午 6:14

不合时令的水果汤圆

　　正处在孕吐期的朋友想吃水果汤圆，却苦于无处购买，于是，我决定亲手给她做一份不合时令的水果汤圆。也许大家多少会有察觉，我有点依赖性人格，所以当有人向我求助时我就会特别高兴。今天我数了数钱包里的零钱，买了汤圆粉和罐头。我希望自己也能偶尔为朋友们排忧解难。最后，希望朋友的孕吐期能快快结束！

🕐 2015.11.24　下午 3:00

制作丑橘果酱

　　用老家采的丑橘，制作今年最后一次果酱。材料只需用丑橘和砂糖，做法也很简单。首先把丑橘洗净后切成半月状，倒入刚刚没过橘皮的水，待橘皮煮熟后，将橘皮切成细丝状并充分洗净。把装入茶包的橘子核、砂糖（橘子用量的七成——等量）和果肉混合搅拌后静置30分钟，再用小火熬制30分钟就完成了。前些日子我送了一些给婆婆吃，她特意打来电话大赞果酱好吃。我准备再做一些送给婆婆。

🕐 2016.2.19　上午 10:00

对了，今晚做关东煮吧

　　趁着二儿子睡午觉的时间，我开始为晚上的关东煮做准备。现在，我正在用淘米水煮白萝卜，处理好的魔芋已经用盐腌渍好，鱼糕等加工食品也过水焯了一遍，水煮蛋眼看着也快出锅。我一边准备，一边感到无比幸福！不论是做饭还是做点心，我都很享受等待食物做好的过程。牛筋看上去也那么好吃，白萝卜的皮要不要放进金平牛蒡里呢，我一边干活一边琢磨，心里别提有多开心了！

🕐 2015.10.12　下午 2:30

新鲜采摘的番茄

　　今天是节假日。二儿子的手足口病终于快痊愈了，大女儿在专心致志地做她的海报，大儿子正在马不停蹄地补作业，大家都各忙各的。而我，却在挑拣、整理刚刚收获的蔬菜。今天我按照网上的食谱，做了番茄酱和甜醋腌圣女果。我很享受集中精力做一件事情的过程。用开水烫过皮的番茄像宝石一样闪闪发光。今天的这两道菜做得都很成功，本打算储存起来的番茄酱也被我迫不及待地拿来做今晚的蛋包饭了。

梅子的"满汉全席"

　　自从在社交网站上看了别人做的梅子的"满汉全席"后，我就一直想自己尝试一番。想起老家种有梅子树，便和孩子们一起去摘了不少，用来做梅子糖浆。刚才在电视上看了怎么做梅酒的大女儿也嘟囔着想自己试试，于是从采摘到清洗、消毒、装瓶等都一个人亲力亲为。一定要变美味哦，等着你酒香四溢的那天。

好用的洗碗海绵

　　我花了很长时间才找到图片中这种非常好用的洗碗海绵。图片上方的是思高的人造海绵，下方的是洗碗刷。两个都是我喜欢的天然色，手感很不错，而且也不易被食物染色，应该能用挺长时间。这两种洗碗海绵原本尺寸都很大，可以按个人喜好剪成合适的大小。喜欢天然色的朋友可以试试哦！

🕐 4.14　下午 3:00

在餐柜里铺上喜欢的布吧

　　一直以来我就想收集一些喜欢的器皿，但孩子还太小，被糟蹋了就太可惜了，所以一直也没敢付诸行动。最近我搬了新家，准备打消原有的顾虑，开始收集一些好看的器皿。铺在器皿下的布也很具观赏性，为此我还特意买了厨房桌布。每次打开抽屉看见它，顿时幸福感爆棚。我最近在考虑把餐柜里的垫布全都换成统一的布料，这样视觉效果应该更棒。

🕐 4.9　上午 10:00

没有食品储藏室的收纳之道

　　当初建房子时，我们唯一觉得有些遗憾的地方便是家里没有设计食品储藏室。但住进来之后，却意外地发现厨房吧台下的收纳空间格外宽敞。我家有很多老家送来的调味料，我原本想将它们就这样摆在水泥地上，没想到，放进吧台下倒是合适得很。最右侧中层的空间我准备用来放孩子们的小零食。虽然还在不断摸索尝试，但我会按照"收纳七成满"的原则好好打造这个小空间。

🕐 4.7　上午 10:00

naa 的厨房

收纳整理干劲十足
将收纳、打扫当成兴趣爱好，好好享受吧

————————

日本石川县 · 独栋
夫妻

		早上	中午	晚上
厨房时间	工作日： 休息日：	☀10 分钟 ☀10 分钟	☀15 分钟 ☀30 分钟	☽50 分钟 ☽50 分钟
厨房的清扫频率	灶台四周：每次饭后 水槽四周：每日一次		采购频率	每周二三次
最爱厨事	我喜欢打扫房间、喜欢重新规整收纳空间。把杂乱无章的空间收拾得干净整洁、动动脑筋想办法化繁为简，这些在我看来都是人生一大乐事。看着被我捯饬好的空间，做起菜来也感觉更带劲了。			

2015.12.17　上午 10:00

冰箱常备冰沙水果包

　　我家的冰箱里常年备着冰沙水果包。为了每次做起来方便，我会把做一次冰沙需要用到的食材统统装在一个袋子里冷冻起来，并在袋子外侧写上冰沙的字样。为了节省保鲜袋，每次用完后都洗净晾干备用。一个保鲜袋，一般都重复利用二三次，如果有苹果或菠菜之类的话，就将它们装在一起冷冻，要喝的时候直接将整个袋子放进微波炉解冻，然后和香蕉、胡萝卜一起放进搅拌机里搅拌，这样就能轻松搞定早餐啦！

12.19　上午 10:00

用湿布清理煤气灶排气口

　　将燃气灶的钢丝网拆下来后，你会发现里面黏糊糊的。用碳酸氢三钠洗涤剂喷湿厨房用纸，把它像湿布一样敷在上面，放置约10分钟后揭下，油渍便可轻易去除。揭下的湿纸可以重复利用，把它敷在排气口中，放置约10分钟，然后用旧牙刷轻轻刷洗犄角旮旯的油渍，最后用水擦拭一遍就可以了。如果用一次性筷子卷上喷了洗涤剂的厨房用纸来清理的话，就可将更深处清理干净了。

11.20　下午 3:00

收纳术之减法法则

　　今天我整理了一下微波炉下面的抽屉。这里面放了一堆外包装都没有换的烤模、糖粉、琼脂等做点心的工具、食材以及各种茶叶。我先把过期的食物处理了，然后把同类物品归类摆放。可能是装红茶的包装盒（黄色）有点扎眼的缘故吧，收拾完后我总觉得哪里不对劲，于是便把茶叶全都转移进了这个玻璃碗里，你看，这样就好多了！

用化妆盒整理冰箱

我会定期清扫、整理冰箱。今天我把冰箱里所有东西都拿了出来，将冰箱内部擦了个遍。然后重新整理了一下我常吃的巧克力、纳豆和豆腐等。用到的小工具是无印良品的聚丙烯化妆盒1/2横型，盒装纳豆以及小包装的豆腐放进这种盒子的话大小刚好。放的时候要把印有保质期的那面朝上。这不，我这才发现豆腐的保质期正好到今天呢！

⏱ 11.19　上午 10:00

打扫时顺遍做高汤底料包

今天我清理了一下用来装常用调味料的抽屉，还顺遍做了些高汤底料包。先将干鱼松和海带放进碗里，再把它们塞进茶叶包里就可以了。剩下的多余的干鱼松和海带放进小的储存瓶里。做高汤时，把高汤底料包放进水里浸泡6小时就好了。做底料包会用掉很多干鱼松，看来我再也不用担心它们过期了，而且这小小的底料包还让我爱上做高汤了呢！

⏱ 11.11　上午 11:00

吊柜里放带手柄的储物盒

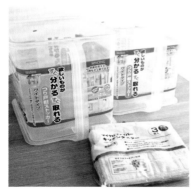

即使是高处的吊柜，我都希望能有效地利用它的收纳空间。我一般会在里面摆放带手柄的储物盒，这样方便拿取，里面的东西就算有点重，取出来的时候也不会太费劲。从厨房海绵、擦桌布、洗碗布到咖啡、茶叶、盒装方便面，再到厨房家电的附属品、嫁妆里的漆艺茶托等，这些不常用的东西一般都会放进吊柜里。

⏱ 11.3　上午 11:00

米饭一周做两次，剩下的冷冻储存

我家就我和老公两个人，家里的米吃得特别慢。我们不会每天煮饭，一般三四天煮一次，一次大概用1斤左右的糙米，当天吃剩的米饭分装进120克容量的小碗里冷冻保存。因为不是每天用电饭煲，所以我们把它放在厨房靠里侧最下边的抽屉里。少了占空间的电饭煲，厨房吧台显得格外宽敞。

🕐 10.23　上午 8:00

餐托盘的收纳新招

我们家不用餐垫，饭菜一般直接放在木制的餐托盘上。我和老公每人有两个餐托盘，一个大号一个小号，餐托盘立着放置在餐柜旁丙烯制的分隔式支架里，这也是我们在试过好几种收纳方法之后认为最合适的。虽然收纳餐托盘的空间比以前宽了，但因支架是透明的，所以看起来并不显得占空间。支架的隔层可以防止餐托盘之间互相影响，用起来非常方便。

🕐 10.22　上午 11:00

用含氧漂白剂消毒抹布

以前，擦桌布一变臭就会被我扔掉。因为老家也没有除菌、消毒的习惯，所以一直以来我都是这么处理抹布的。但现在，我大概每两天用含氧漂白剂浸泡一次抹布，所以抹布从来也不见臭。第一次这么消毒抹布时，我就深深地爱上了这个做法。晚饭后，在碗里加入1小匙含氧漂白剂，再倒入适量温水，将抹布、厨房用海绵等都放进去，瞧，就像图片里这样。

🕐 8.30　下午 8:00

用针织装饰画装饰厨房

几天前我在手工艺品店买了一些素材,做了一幅针织装饰画。我听说用聚苯乙烯泡沫塑料制成的画板不仅轻,而且制作起来也很方便,便赶紧买来一个准备试试。做好后挂在了厨房里。另外,原本放在木碗里的洋葱等,被转移到了钢丝篮里,里面再铺上一层纸巾,看上去感觉干净不少。装饰画挂在墙上,还很方便清理桌面。

🕐 2016.2.13　下午 2:00

方便携带的清洁工具套装

今天,我帮"家务白痴"的妹妹收拾并整理了她家,首先准备好的就是这个清洁工具套装。放在这个带手柄的篮子里的工具有:纸巾、抹布、厨房纸和酒精喷壶。另一个篮子里放的是调整收纳空间用的工具,里面有:笔记本、笔、素色的修正带、剪刀和尺子。我在自己家给整个房子做大扫除或收拾整理时,也会准备一个这样的清洁工具套装,这样既方便携带,也方便操作。

🕐 2.7　上午 10:00

防止抽屉里托盘滑动的小妙招

我每次打开厨房抽屉时都会莫名紧张。因为,每次开关抽屉时,装着餐具的托盘就会微微地滑动一些,导致抽屉前会多出一些小缝隙。我用彩色纸板解决了这一问题。把纸板剪成缝隙宽度,塞在抽屉里侧,这样就可防止托盘滑动了。纸板有一定的厚度,也不易移动,烦恼轻松解决啦!

🕐 1.30　上午 11:00

集中清理厨房排风扇

今天的任务是清理厨房大件——排风扇。用到的工具有：小苏打、碳酸氢三钠洗涤剂、手套、塑料袋、抹布、旧牙刷及旧洗碗棉。先将排风扇滤网拆下，撒上小苏打，用牙刷刷干净。接着把整流板洗干净。然后把排风扇侧面的板子拆下，取出风扇和其他小部件。将它们放进塑料袋里，倒入洗涤剂和开水静置一会，这样沾满灰尘的油渍就能轻松去除了。

🕐 2015.12.3　上午 10:00

不锈钢锅的保养法则

如何清洗不锈钢锅的污渍？这是个难题。我试过用洗涤剂和小苏打，但效果都不明显。前几天得知用锡纸能解决这一难题，便赶紧动手试了试。先在锅底喷一些碳酸氢三钠洗涤剂，然后把锡纸揉成团轻轻擦拭。不一会就感觉泛黄的颜色渐渐变淡了，然后用它烧开水后，把开水倒净，涂上洗涤剂再放置几分钟。最后用沾了醋的布擦拭即可。你看，是不是变得很干净！

🕐 11.27　下午 8:00

定期整理收纳空间

今天我整理了一下微波炉下的抽屉。厨房总是会不断出现除了烹饪用具以外的其他东西，所以需要定期收拾一次。首先把抽屉里的东西一个一个拿出来，检查有哪些东西用不上可以处理了。这次我把旧的眼药水和清凉剂扔了。然后将拌饭料、健身喝的冲泡饮品、外包装很华丽的糖果等从袋子里拿出来，塞进统一的瓶子里。再把隔热手套和隔热垫全都放进盒子里，显得特别美观。

① 11.13　上午 10:00

伸缩棒妙用

我家灶台下的抽屉里横着一根棍子，原本打算将平底锅立在里面，但是放进去后才发现，锅的下部会滑动，很难固定住。一次，我从一个博客上得知了解决这个问题的小妙招，于是赶紧尝试了一下。买来一根伸缩棒，将左右两侧的部件拆除，再把买来的吸盘固定在伸缩棒两端（根据伸缩棒两端的形状，将吸盘的凸起部分剪去）。把这个固定在原来的棍子下方，这样平底锅就稳稳地被固定住了。

厨房收纳别发愁

让厨房变得干净清爽的 4 个步骤

想在厨房烹饪起来舒心、整理起来省心吗？一起学学让厨房大变身的步骤吧。

1 把抽屉里所有东西都整理出来

首先，建议大家把抽屉里所有东西都整理出来，这样既可以好好地擦洗一下抽屉内侧，还可以根据物品的使用情况重新布局收纳空间。而且，看见被清理出的堆积如山的物品时，你才会发现自己到底存了多少没用的东西。

2 只选对的

在收纳整理中，决定扔什么绝对是个烧脑的事。但如果逆向思维，只考虑留下什么，问题也许会变得简单一些。选择保留最近常用的，并且既安全又安心的物品（检查保质期及是否有故障），然后在剩下的东西里决定要处理掉的，大家可以按这个顺序试试看。

4 保留余裕的空间

不要收纳得太满，最好留出余裕的空间。因为有了这块空间，平时使用较多的烹饪用具可以临时放在这里。例如，朋友来访时从灶台上拿下来的水壶就可以放在图片中的虚线位置上。

3 瓶身透明化

如果每次找东西都要翻箱倒柜的话，收纳空间就会变得越来越乱。大家可以把标签贴在收纳瓶醒目处，如果收纳瓶放在位置较低的抽屉里的话，就把标签贴在瓶盖上，如果放在位置较高的吊柜里的话，就贴在侧面或手柄处，这样拿取就很方便了。图片里的瓶盖上贴着的是遮蔽胶带，上面标明了瓶内物品的名称。

kei 的厨房

武装每个角落
打造舒适空间

———

独栋

夫妻 + 狗 + 猫

厨房时间		早上	中午	晚上
	工作日：	☀ 45 分钟	☀ 30 分钟 ~ 1 小时 30 分钟	☾ 1 小时 30 分钟
	休息日：	☀ 30 分钟	☀ 30 分钟	☾ 1 小时 30 分钟

厨房的清扫频率	灶台四周：每次饭后 水槽四周：每次饭后	采购频率	每周两次左右

最爱厨事	自从换了扁柏木砧板之后，我便深深地爱上了切菜。用磨得锃亮的菜刀，在砧板上咚咚咚地不停切菜，这竟能让我感到无比的放松。傍晚时分，关上电视，在一片寂静中，切自家种的蔬菜，人间幸事莫过于此。

夜深人静时做茶包

每晚九点前后是专属于我的饮茶时光。以前我一般用茶壶来泡茶，但清洗起来颇为麻烦。现在我把一人份的茶叶分装进茶包里，喝的时候只要将茶包放进马克杯里，再倒入开水就可以了。我虽不喜欢干细致活，但却对做茶包着了迷。最近，我常喝的是被誉为植物性精神安定剂的西番莲的茶叶和橙花混合而成的花茶。

① 1.28　下午 5:00

是上锅蒸还是用微波炉？小圆白菜的实验

几天前我们用家里第一次种的小圆白菜做了个小实验。将一半小圆白菜放进锅里蒸，另一半放进微波炉里加热。吃起来感觉蒸过的小圆白菜更甜，而用微波炉加热的味道更苦。而且，相比于味道，颜色的差别更加明显。蒸过的小圆白菜远比微波炉加热过的色泽鲜艳，在冰箱放置一夜后，微波炉加热的小圆白菜色泽泛黑，而用锅蒸的则还是一片翠绿，差别实在是太大了。

① 1.21　上午 8:00

最爱的常用菜保鲜盒

图片中这些是我今年才凑齐的。它们是大小号的耐热玻璃保鲜盒（方形）（品牌：怡万家）。在此之前我其实已经有几个了，后来又买了一些凑齐大小号各三个。选择这些保鲜盒的理由很多，它们易清洗、不串味、比塑料材质更安全，可以把它用来装常用菜直接摆上桌，还可以放进洗碗机里清洗等。我平时一般将碗和盖分开收纳，这样可节省一点空间。

🕐 1.26　上午 10:00

清洗砧板，累并快乐着

　　婆婆送了我一块纯扁柏木的砧板。我把家里已有的几块砧板都处理了，决定以后只用它。我很喜欢木头，较于树脂材质的砧板，木质砧板不伤刀刃，所以磨刀的次数大大减少。而且木质砧板水洗后很容易风干，虽然有时需要用盐来进行清洗，然后放到太阳底下晒一晒，但我却一点也不觉得费事。比起用洗涤剂简单清洗砧板，我更喜欢这样费心费时地护理它。

🕐 1.11　上午 11:00

调料位置决定料理的味道

　　参考食谱烹饪时，也需要偶尔尝尝味道是否合适。我家灶台下方的抽屉里摆满了调味料，我伸伸手就能拿到其中任意一瓶。像图片里一样，烹饪时三个抽屉全都敞开，站在抽屉中间，盐、糖、胡椒、酒等一览无余。这样烹饪时不用转来转去，一天下来还真是轻松不少。

🕐 2015.12.16　上午 10:00

愁人的橡胶手套，说愁也不愁

　　我现在用的橡胶手套，虽然价格不贵，但很好用，也不伤皮肤，就是颜色过于鲜艳，我总觉得它和厨房的整体布局不是很搭，但是要给它找到一个既通风又不显眼的地方实在太难。就因为这个我烦恼了很久。但突然有一天，我发现，纠结这个其实没有太大意义。既然喜欢用它，那就接受它的一切，接受它本就鲜艳的外表吧。橡胶手套，其实说愁也不愁。

有所得必有所失

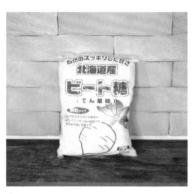

以前我的脑海里总是充满着各种不切实际的想法，这个也想尝试那个也想挑战。但是自从从城市移居来农村，我发现自己变得更能享受实实在在的生活了。物质减少了，精神就丰富了。例如，我终于发现原来自己是这么喜欢做点心。吃着刚刚出炉的美味可口的磅蛋糕，我真心觉得放弃城市生活的决定太对了。

⏱ 11.10　下午 5:00

日常调味料不选最好，只求更好

选择调味料我坚守的原则是"不选最好，只求更好"，因为好是没有上限的，一味地追求高品质不是长久之道。经过长时间各种尝试，我会固定使用一些常用调味料，如盐选择法国盖朗德盐、砂糖选择北海道产的甜菜糖、鸡精选择无化学添加剂的等，质量都比普通品牌略微好些。我家每月花在食物上的费用大概要4万多日元，但我认为在吃的东西上多花钱很有必要。

⏱ 10.5　上午 11:00

神经大条如我的垃圾箱妙招

图片里的垃圾箱是我家用来装厨房垃圾的。这个盒子是礼品盒，在上面套上几张薄薄的塑料袋就可以当垃圾箱用了。今天我套了三张，这样就可以省三次换塑料袋的工夫。也只有神经大条如我的人能想出这么个懒办法（哈哈）。我有时会一次性套五层塑料袋。每天把袋子从箱子上揭下，再把厨房垃圾给扔了，这一天的家务活就算结束了。再将垃圾箱放回水槽下方固定的位置上，它便能以清爽干净的姿态迎接下一个早晨了。

⏱ 9.24　下午 8:00

🕐 8.23　上午 8:00

擦碗神器——纱布

在所有的擦碗布中，我最爱用的就是纱布材质的。纱布不会掉毛，所以餐具能被擦得一尘不染。其实，图片里的这个擦碗布可不是市场上买来的哦（嘻嘻），这是用我买错尺码的纱布内衣手工缝制做成的。当初不过是一时兴起随手做的擦碗布，效果却是出人意料地好。亚麻布或手绢做成的擦碗布其实也各有特色，用起来都不错，但我还是最爱纱布。

🕐 7.19　下午 5:00

尝试把米分小袋保存，结果……

以前不知在谁的博客上看见过一个保存米的方法。把米分成500克装，分别装进密封保鲜袋里，放进冰箱保存。办法看起来很方便，而且估计还能在一定程度上保持大米的新鲜度，于是我便赶紧试了试，却没想到，方法不太适合自己。我想，对于每天没有多少时间做饭的职场妈妈或者每天都需要做饭的人来说，这应该是个不错的保存大米的办法，但对于我来说，把大米分袋装都嫌麻烦，还是简单一点，把米放米桶里保存就好。

🕐 7.18　下午 1:00

撤去晾碗架，厨房变宽敞

厨房里如果放一个晾碗架的话，晾碗架本身就容易变脏，难于清理不说，每天早上还得收拾堆积如山的餐具，而且老公总喜欢将湿的餐具放在干的餐具上。鉴于种种不便，我决定从厨房撤走晾碗架！老公一开始有点抵触，不太习惯，但现在他会在桌上铺一块桌布，自己把餐具堆放在上面，而且还养成了每次主动擦干餐具的习惯。厨房终于可以变得宽敞点啦。

用自家白菜做常用菜

　　每隔三四天我都会做一次常用菜。昨天一天我就做了7道，其中一道菜，土佐醋凉拌白菜裙带菜煎蛋皮丝，用到的白菜就是我自己第一次栽种的。醋是几天前妈妈送给我的"用米和米曲酿成的甜醋"，这种醋有种很自然的、淡淡的甜味，所以做凉拌菜都不用加糖。刚采来的白菜水分很足，充分利用白菜中的水分是做这道菜的关键。最后再加一点酱油和无化学添加剂的高汤，味道简直太棒了。

🕐 2016.1.25　下午 5:00

夏季蔬菜的冬日模样

　　图片里是我做的晒干的蔬菜。由于需要在阳光下晒干水分，为了防止菜被风吹跑，我用的是户外专用的网兜。虽然我也认同蔬菜最好在应季时吃（但也最贵），但像这样把它们晒干的过程还是挺有趣的，而且还能在任何季节都可以吃到想吃的蔬菜，其实也挺不错的。今天我晒干的蔬菜有茄子、香菇、蟹味菇等，只在外面放了一天就已经变得这么干了，风味也更加醇厚了。以后我还要多做一些才好。

🕐 2015.10.23　上午 10:00

kico 的厨房

实用大开间
专业饭店级家用厨房

————

独栋
夫妻

	早上	中午	晚上
厨房时间	工作日：☀30 分钟 休息日：☀2 小时	☀— ☀2 小时	☽1 小时 ☽1 小时 ~ 1 小时 30 分钟

厨房的清扫频率	灶台四周：每次饭后 水槽四周：每次饭后	采购频率	每周三四次

最爱厨事	不论平时做饭还是做便当抑或款待客人，我都很享受烹饪过程，如食材与食材、料理与餐具、时间、味道与颜色等。如何利用厨房里的剩菜，怎么给突发奇想的料理搭配合适的香料等，一边构思心中最完美的菜品，一边烹饪真是再幸福不过了。

我的厨房标配

这是我每天都要用到的三把刀。这三把刀切割利落、重量适中、握感舒适，花纹和刀的整体也很搭配，我很喜欢。不论是刀刃和砧板的碰撞声，还是触感都很不错。我也曾考虑过一些专业厨师爱用的国际大品牌，但最终还是没买。在所有厨房工作中，我对"切丝"情有独钟，便是因为这些刀的存在。这三把刀可以称得上我一年四季不可或缺的厨房标配了。

🕐 2015.3.29　上午 6:30

关于饭团的三角四角

我做的饭团总是偏圆形。按妈妈的说法，这是因为我变成熟了，真的吗？装紫菜的是个四角形的罐子，因为密封性不好，为了安心，我把一个四角形的除湿剂放在了里面。还有一个四角形的小型柴鱼削箱，用这个能轻松把坚硬的柴鱼削成鱼花，刚削下的鱼花那叫一个美味啊！因为有柴鱼，所以我顺遍做了柴鱼拌饭。然后就有了今天略显奢华的饭团：柴鱼饭团和烤鳕鱼子饭团。

🕐 3.16　下午 4:00

爱排列的懒人

　　这是我家灶台后侧吧台旁抽屉里的景象。里面有：加盐胡椒、除液体调料之外的其他常用调料、常用的柴鱼等干货、土豆粉等面粉类。储藏用的玻璃瓶的铝制盖子上没有贴标签，所以从上往下看，所有瓶子都长得一样，但我却能凭感觉准确地找到自己需要的东西。这样的收纳有点偷懒，但我却很喜欢这种摆列整齐的收纳模式。

热气腾腾的场景

　　比起烤箱里飘来的扑鼻香气，我更喜欢冒着白烟、热气腾腾的场景，看过去让人感觉暖融融的。特别是从蒸笼里冒出的热气，因为看不见蒸笼里的模样，所以更让人对蒸好的成品充满期待。一到冬天，我就忍不住想做肉包和红豆包。肉包的馅里会放猪肉末、竹笋、干香菇、生姜和大葱，茄子的话，有时放有时不放。我建议大家将肉包的肉馅口味调重一些，这样更好吃。

🕐 1.18　上午 8:00

丝切得恰到好处
桌布的寿命

　　一边思考问题一边切蔬菜的话，往往会忘了该何时停手，导致菜丝切得过多。说到该何时停手，我想到了我们家的亚麻桌布。在经过反复使用以及清洗后，桌布往往会变得褶皱不堪。如果变得实在不能用的话，我会把它剪成合适的大小用来打扫卫生。如果只是稍微有些破损，完全不会影响擦碗的话，就会一直用下去。桌布的"何时停手"还真是不好说啊，它可不像蔬菜那样，可以随便对它动刀。

🕐 2014.12.28　上午 9:00

记录美味时刻的笔记本

　　图片里右上角是一个黑皮革封面、纯白内页的笔记本。每次家里招待客人时，我便用这本笔记本来记录美味时刻。记录的内容很多，有日期、开始时间、当天做的菜品、客人送的礼物等。如果做了新菜品的话，我会把食谱写进去，如果客人有不爱吃的食材的话，我会把这个信息也记录进去，有时甚至还把礼物的商铺名片也一并贴进本子里。话说，今天做点什么好呢？

🕐 12.15　上午 7:00

周一的清晨
阳光洒落的地方

　　周一在暖暖的阳光和清冽的冷风中拉开了帷幕。每天早上，我都会开窗通风以迎接新一天的到来。虽然略感凉意，但却神清气爽，心中也涌出一股拼搏的能量。我家的厨房三面环窗，空间大概有6个榻榻米那般大，阳光照进来时，便成了我独有的城堡。好啦，我和老公的便当已经准备好啦！

爱芝麻也爱芝麻炒锅

　　我做菜喜欢偷点懒，但唯一不敢马虎的是处理芝麻。我特别喜欢芝麻，几乎每天都要用到，炒熟的芝麻能散发出一种浓郁的香气，所以每次用芝麻时我都坚持"炒一炒"（哈哈）。图片里的这个装着芝麻的大小适中的炒锅还不到500日元（约合人民币30元）。用这个锅炒芝麻可以一边听着芝麻在锅里噼里啪啦的扑腾声，一边观察芝麻颜色的变化，十分方便。

结束了一天的工作
寂静夜晚下的安静厨房

　　为了以好心情开启崭新的一天，如往常一般，我怀着感恩的心情打扫完灶台，结束了一天的厨房工作。桌上放着的是酒精喷壶和沾满酒精的绵纸。厨房虽小，但作为家里的掌勺人，我希望它永远是家里的一方净土。

在餐厅里新设饮料吧台

　　如何化繁为简，探索更为合理的生活方式，大概因为我是个爱犯懒的人，所以常会生出这样的想法，家里大多数的家具都装有滚轮也是因为这个原因。有了滚轮不仅方便移动家具，而且用吸尘器吸灰也很省事。前几天，我把咖啡、茶具等从厨房搬到了餐厅，放在带有滚轮的小推车上，设计成一个饮料吧台的模样，再把这个移到餐桌旁，这样不用起身就能喝到茶了。

是不是太多了？但都是真爱啊

　　"你是不是买太多砧板了啊？"我常被人这么问起。其实我自己也承认数量是有点多，但摆在外面经常使用的也就3个左右，而且每样都能做到物尽其用，当作托盘、餐具或锅垫。每块砧板的功能还不尽相同。我一直都喜欢木质的东西，感觉每一个木制品所呈现出来的表情都各不相同，用的时间越长，表情也就越丰富。我想，不管什么工具，一定要做到物尽其用，才能充分发挥其之所以为工具的作用。

① 10.13　下午 5:30

关东煮还是和它最配——铝制无水锅

　　我家有很多锅，但最适合做关东煮的便是铝制无水锅。当然，用铁锅或土锅也可以做出同样美味的关东煮。但是，散发着街边小吃独有香气的铝锅，不论是颜色还是质感，和关东煮总是显得如此相得益彰。所以，就算是用其他锅来煮头道或熬高汤，最后出锅时我也一定会换上这个铝制无水锅。锅身一如既往地轻盈也是这口锅的一大特点。瞧，这就是我们家多年不变的关东煮的模样。

① 6.5　上午 10:00

烹饪锅里意想不到的煮物

　　细听雨声，静赏煮物，这便是眼前的风景。图片里的这口锅其实是我家用来装厨余垃圾的。我家没有厨余垃圾专用的三角滤盒，取而代之的是眼前这个不锈钢烹饪锅。所谓的厨余垃圾，不过是些刚吃剩的食物罢了，把它们扔在垃圾桶里实在没有必要。这口锅自带锅盖，可以防止漏气，关键还可以直接放在火上加热，所以可以像图片里这样用来煮沸消毒抹布。

🕐 2015.2.7　上午 11:30

新年聚会的主角——100 个饺子

　　起了个大早包了些饺子，正好100个。虽然新年已过，我还是把小伙伴们约来家中办了一场迟到的新年聚会。应朋友要求，聚会的主食选择了饺子。按照我家的惯例，饺子馅都是肉少菜多。饺子里放入大量的圆白菜、大葱、韭菜、生姜和干香菇，再调好味就可以了。其他的菜品也基本上是亚洲风味。现在，厨房里飘溢着一股混杂着香菜、芝麻油、大蒜、生姜的东方特有的菜香味。

🕐 2014.6.25　上午 9:30

留住旅途中的回忆

　　只要有去海边游玩的机会，我定会沿着岸边漫步，顺便捡些石头带回来。石头大小不同，产地不一。共通的特点，便是石头的棱角都被磨圆了。我想，要是有一天，我也如这石头般，内心变得温和平静，没有棱角就好了。抱着这种想法拾来的石头，常被我用来当作筷子架使用。脏了的话，擦洗下便焕然一新。看着它们，就仿佛看见了过往旅途的种种回忆，总能给人些许感动。在今早装饭团的餐盘里，我便放进了几个从福冈博多带回的石头。

向生活简约的达人学习实用厨房用品

kico喜欢的厨房用品

图片中为圆形木质便当盒。不管用它装什么菜都会显得很好吃，不管放多久菜肴依旧美味不减。一般来说，这种便当盒不能放进微波炉里使用，但我每天中午都会把它放进微波炉里加热，已经2年了，至今也没出现什么问题。

图片中为简单的烧杯。烧杯有注水口，所以用起来很方便。杯中的颜色一目了然，便于清洗，还可放进微波炉加热等，功能十分强大。在我家，会用它来装滴漏咖啡，也会临时用来装烹饪时用的酱汁，非常方便。

图片中为德军的复古围裙。这是在仓库里发现的一件非常漂亮的围裙，颜色是仿德军军服的军绿色，腰部内侧的印字是我的最爱。围裙设计得酷感十足，穿上它做起饭来也更带劲了。

kico喜欢的厨房用品

图片里的这些布料，又轻又薄不易起毛，易清洗易风干。既可以用来擦餐具，也可以用来擦拭水洗后的木质砧板，还可以在炸蔬菜时放在蔬菜下吸油，用途不一而足。

我很喜欢砧板，总是不知不觉买很多。目前主要用的有2块，即婆婆送我的纯色扁柏砧板和从德国买的切肉专用小砧板。在处理大块肉时，我还会辅助用一下百元店的薄片型砧板。

图片中为铁质平底锅。用它配上煤气炉炒出的蔬菜那叫一个绝，烹饪完即刻用洗碗刷刷洗，然后上火烧出冒烟，再涂上油就算护理完毕。也无需洗涤剂清洗，对我来说真是省了不少事。

aoi 的厨房

省心省力又轻松
简单收纳与快速家务

————

日本神奈川县 · 独栋
夫妻 +1 个孩子（5 岁）

		早上	中午	晚上
厨房时间		工作日：🌅 30 分钟 休息日：🌅 30 分钟	☀️ — ☀️ 1 小时	🌙 50 分钟 🌙 1 小时
厨房的清扫频率	灶台四周：每次午饭及晚饭后 水槽四周：每次午饭及晚饭后		采购频率	每周两次
最爱厨事	我很喜欢削皮，还有把蔬菜切成末，切时大脑常常停止一切思考，整个人陷入一种忘我的境界。我本不喜欢收拾整理，但借着搬家的机会调整心态，决定攻克这一难题，立志把家里打造成适合全家人生活的简单舒适的空间。			

可以放下整盒味噌的收纳碗

终于入手了一款我梦寐以求的白色珐琅味噌碗。我是个怕麻烦的人，市面上卖的750克味噌就直接连同包装外盒一起放进了这个味噌碗里。碗盖有一定的厚度，可以起到很好的密封作用，味噌也不那么容易变得又干又硬了。味噌碗外观设计干净简单，放进冰箱后，整个冰箱也变得清爽起来，再也没有乱糟糟的感觉了。碗上还有个手柄，拿取或存放都很方便，我很喜欢。

🕐 2015.9.2　下午 2:00

我们家简单的常用菜

我和老公都是上班族，为了平时烹饪方便，我们会经常做一些常用菜备用，最常做的便是肉末和蒸鸡肉。这两道菜可以直接食用，也可以变个花样换种吃法，十分方便。以往，我常常一次性地把一整周要用到的常用菜都做出来，但这样周末负担太大，所以也没能持续下去。现在，我每次烹饪的时候，都会尽量多做，然后放进保鲜盒里储存，这样能用二三天。图片里是提前处理好的白萝卜和南瓜泥，有了这些，烹饪起来就会轻松不少。

🕐 7.25　下午 1:00

海绵性能大比拼

⏲ 2.17　下午 5:00

我很喜欢白色简单的厨房小用品。每天用的厨房用品越简单轻便，干家务活就越干劲十足。洗碗海绵我也喜欢白色的，我买来了三种进行比较。图片中从左往右的海绵品牌分别是无印良品、KEYUCA及大创。通过从握感舒适度、控水能力、网眼粗细、柔软度等几个方面对三种海绵进行比较，结果显示，最适合我家使用的是大创的这款。价格不贵还很好用，可谓物美价廉，我很喜欢。

不要把油垢倒进水槽哦

⏲ 2014.11.12　下午 6:00

清洗黏糊糊的水槽是一件非常麻烦的事情，所以我在烹饪或洗餐具时，尽量选择不弄脏水槽。例如，处理油分很多的炖煮类料理时，我不会把多余的汤汁倒进水槽里，而是在塑料袋里塞满撕碎的报纸，然后将汤汁倒入塑料袋里。乍看起来的确不太美观，但等它干燥后，便可以直接整袋扔进垃圾箱里，还是很方便的。这样，水槽或排水口就不容易被油渍堵上了，打扫起来也更轻松。

这样收纳水槽下方空间效率更高

我家水槽下方的抽屉里放着洗、切以及准备工作时需要用到的烹饪餐具，还有一些洗涤剂等物品。碗之类的就叠在一起放在抽屉的正中间，使用频率高的餐具放在这里最适合不过了。抽屉左侧立着的切片机和秤，中间用无印良品的苯乙烯隔板隔开。右侧的三聚氰胺海绵、排水网统统放进白色盒子里保存。我会慢慢地打理这个小抽屉，让里面的东西都一目了然、方便拿取。

🕐 9.2　上午 10:00

食谱类图书放抽屉

我一般把食谱类图书放在厨房后方的餐柜最下面的抽屉里。抽屉里放几个无印良品的文件盒，然后将书脊朝外竖着放进文件盒里，这样书名就一目了然了。我最爱读的是一些介绍简单的家常料理、日式料理或提前准备工作的书。但如果平时太忙的话，我也会随便做一些信手拈来的简单菜品。每半个月，再从这些书里挑出一本，一边对照食谱一边慢慢烹饪。我认为厨房如果方便实用的话，烹饪也会更带劲。

🕐 9.4　下午 4:00

如何收纳塑料袋

为了便于每天拿取塑料袋，我对塑料袋的收纳空间做了一点小改动。用到的是在百元店买的带可移动隔板的塑料盒，把塑料袋折成整齐的四角形，按大、中、小号分别摆放在盒子里。因为塑料盒里有隔层，所以盒子里的塑料袋不会因空当的出现而发生一边倒的情况。我特意把抽屉转移至新的柜子里，这样整个抽屉都能被抽拉开，找起东西来也十分方便。虽然只是做了一些微小的改动，但却能使家务活变得轻松顺手，我非常满意。

⏱ 8.25 　下午 4:00

牛仔碎布和磨牙粉

稍不注意就会产生的厨房水垢。如果不仔细擦拭残留水分的话，水垢就会变得顽固难除。我上网查了查解决办法，抱着半信半疑的态度，试着用穿旧了的牛仔碎布蘸磨牙粉（不含研磨剂），轻轻擦拭不锈钢的水槽和锅，没想到水槽和锅立刻变得锃亮。用同样的方法也能将水池里水栓附近清理干净，但要注意不要擦得太用力哦。

⏱ 7.19 　下午 3:00

立式收纳，巧用厨房支架

我家灶台下方的抽屉里，放着炸锅、沥水篮、煎蛋锅、油壶、锅盖以及其他装有调味料的各种瓶子。以前也曾将它们叠在一起存放，但拿取时十分不方便。于是，我尝试用博客上大家推荐的厨房支架来解决这一难题。将收纳改为立式收纳，分隔用的钢圈可以调节位置及宽度，因为钢圈呈M型，所以还可以起到固定锅盖的作用。虽然支架两侧凹凸不平，但用起来很方便，推荐大家也试一试。

🕐 7.16　上午 10:00

好用的硅胶制品

图片中是我最近入手的几个好东西。无印良品的硅胶铲，这个简直太好用了。每天清洗锅和餐具时，只要用这个硅胶铲把附着的污渍铲除，再稍微用水清洗一下就可以了，连洗涤剂都省了，十分环保。因为材质偏硬，即使是像咖啡这类比较顽固的污渍也能轻松搞定。铲子中间有个小孔，正好可以挂在工具台上，这点设计得也很人性化，我非常喜欢。另一个硅胶材质的锅铲，我用它来代替木铲。

🕐 7.9　上午 11:00

打扫工具的缝隙生存术

厨房里经常用到的打扫工具——地板拖布和灰尘掸子，被我收纳在冰箱和墙壁中间的15厘米的缝隙里。放在这里，想用时可以随时取出，而且外观隐蔽，不显凌乱。但是，拖布和掸子如果湿了的话，放在地上会损坏地板，所以我用磁铁挂钩和S型挂钩将道具挂在了冰箱上。磁铁挂钩的磁性很强，拿道具时不宜滑落，十分方便。

🕐 6.12　上午 10:00

不用厨房地垫

在厨房烹饪的话，地垫总容易被弄脏，要让它保持干净可不是件容易的事。所以，我家索性不用地垫。不过，地板最碰不得水，所以我们在冰箱旁放了一个地板拖布，地板上一发现水渍或污渍，便立刻用拖布擦拭干净。这样做节省了洗地垫的工夫，平时只要打扫地板就行。给家务活做减法，生活就能变得更轻松。

🕐 2.14　下午 1:00

5.24　下午 4:00

终于下定决心制作替换瓶的标签

我试着做了很多替换瓶的标签，这样显得简约、素净又略带成熟。为了不影响整体的空间设计感，打扫用的天然洗涤剂和洗发水之类的装在廉价的容器里，瓶上再贴上自制的标签。图片从左往右，分别是护发素、洗手液、打扫用洗涤剂喷壶。标签有白底和黑底两种。网上有博客可以免费下载各种标签内容，大家可以上网搜搜。

4.3　下午 3:00

试着将食材放在竹碗里

我很羡慕能把水果、蔬菜摆放时尚的人。食物不光能吃，还能观赏，这真是太棒了。于是，我也试着在家里厨房的吧台上摆放了一些装饰用碗。碗圆圆的形状非常惹人喜爱，图片中的碗里放着的是当天烹调用的根茎类菜和孩子的拌饭料。根茎类菜放在这里的话，烹饪时随手就可以拿到，放在碗里的拌饭料让孩子每次挑选起来都变得兴致勃勃。拌饭料包装得略显艳丽，所以我一般都在碗上搭一块布稍微遮掩一下。

kozue._.pic 的厨房

收纳的极简主义
让人忍不住想帮忙的厨房

日本爱知县·公司宿舍
夫妻

厨房时间		早上	中午	晚上
	工作日：	☀ 10 分钟	☀ —	🌙 40 分钟
	休息日：	☀ 30 分钟	☀ 1 小时	🌙 40 分钟

厨房的清扫频率	灶台四周：每次饭后 水槽四周：每日一次	采购频率	每周一次

最爱厨事	我很喜欢冷冻食材。趁新鲜把常用食材切好冷冻保存的话，可提高烹饪效率，非常方便。特别是自从用了双立人牌的菜刀后，切菜也变成了一种享受，烹饪的热情也愈发高涨了。

巧用瓶盖保存粉状物

　　保存面粉或土豆粉等粉状物，选择袋子比容器会更省空间。在我家，粉状物都保存在封口袋里，再密封好就行。将封口袋的一端斜切一个小口，再把便利瓶盖插上去就算安装成功。每次用的时候不用开关袋子本身，非常方便。我把所有的粉状物都用统一的袋子分装好，这样比较整洁清爽。有些袋子本身也会自带便利瓶盖。

　🕐 2016.2.22　下午 2:00

包菜保鲜小窍门

　　买来一棵包菜，先用刀将菜心挖出，在里面塞进湿的厨房纸，然后用保鲜膜将整个包菜包起，菜心朝下，放进冰箱里保存。每次使用时，更换一下包菜里的厨房纸，纸巾水分充足的话，包菜能保鲜更长时间。在我印象中，包菜用这个办法最长保存过两周。刚学烹饪那会，包菜保存不好经常腐烂，好在经过不断地尝试和摸索后，终于有了解决这一问题的好方法。

　🕐 2.20　上午 11:00

冰箱蔬菜室上段的使用方法

　　我来给大家介绍一下冰箱蔬菜室上段的使用方法。上段放的一般是比下段更常用的蔬菜、马上要用到的蔬菜以及刚处理好的配料等。蔬菜室里侧放几个百元店买的盒子做隔层，盒子之间用夹子夹上防止滑动。剩下的外侧空间刚好可以放下几个带盖的盒子。为了防止黄瓜、茄子等流失水分，每一根都用保鲜膜裹好保存。大葱切碎后，用湿纸巾包好放进盒子里，这样能在很大程度上保留大葱脆嫩爽口的口感。

　🕐 2.17　下午 3:00

⏱ 2015.12.12　上午 11:30

久违的二人午餐

　　今天终于和老公一起吃了顿午餐。平常我俩下班和休息时间不一致，难得一起用餐，所以今天的午餐自然要丰盛一些才好！今天的菜品有：法式蔬菜炖牛肉、贝果三明治、沙拉和番茄汁。平日老公注重养生，最近我受他影响，每天饭前也会喝一杯番茄汁。嗯！马上就圣诞了，一会出门心情也要美美的，话虽如此，老公此刻却已经开始睡午觉了。

⏱ 11.9　下午 2:00

满墙的圣诞气氛

　　圣诞树容易积灰，收纳起来也不方便，正当我犹豫要不要买时，一位手工艺术家朋友送了我一份意外的礼物——一个圣诞树毛线装饰。我赶紧买来遮蔽胶带和墙壁装饰贴，把它们一起贴在吧台上方的墙壁上，整个房子立马就充满了圣诞气氛。比起圣诞树，墙面不占空间，而且效果也很不错呢！

⏱ 11.2　下午 4:00

方便购物的环保袋

　　购物时，我喜欢用大手提包装东西。虽然，有点遗憾的是手提包没有保温功能，但包的提手长，如果买很多东西的话，可以直接把包挎在肩上，这样就不会太累。包底的宽度也足够，结账时，可以直接把包安在结账后的篮子里，结好账的东西直接装进包里就行了，省一道程序可以省不少时间。另外，这个手提包还带拉链，所以放在车里也不用担心包里的东西会掉出来，十分省心。

砧板的分类及保养方法

⏱ 10.1　下午 9:00

　　我刚结婚那会买了2块砧板。砧板颜色不同，用途也不同。白色的用来切菜，黑色的用来切生肉或切鱼。以前我一直想买块木质砧板，但听说保养起来非常麻烦，所以就选择了树脂材质的。但是，听说树脂的也容易滋生细菌，所以每晚用完后我都会细心清洗。先用漂白剂漂白，再水洗，最后喷上酒精消毒。漂白的味道虽有些刺鼻，但漂白过的砧板却宛若新生。

可折叠式手柄
好用的烧水壶

⏱ 9.28　上午 11:00

　　我用的烧水壶，手柄是可折叠的。煮完大麦茶后，可将整个壶直接放进冰箱里冷却，收纳时也不占空间，而且，烧水壶上还可以放东西，非常方便。烧水壶不大不小，正好够我和老公两人喝。不论性能还是设计，真的都很不错。它是我在家附近的家用杂货铺淘到的好东西，这家店铺有很多主妇们最爱的物美价廉的小商品。

厨房里的高脚凳

⏱ 9.17　下午 3:00

　　图片中这个浅灰色的高脚凳，是我们搬来这里时买的第一件家具。当时家里什么都没有，这是我和老公一起选的，一个简单的高脚凳却藏着我们无数的回忆。我们固定把它放在厨房里，坐在上面静静地等煮物出锅，坐在上面慢慢品尝咖啡，有时购物归来也会用来放购物袋。虽然崇尚简约生活，但满是回忆的东西一定要好好珍惜才行。

用玻璃罐装米

我家的米存放在大号玻璃罐里，5千克米刚好能放进去。但是，盖子上没有密封圈，所以罐子的密封性不会太好。当时，买它全凭外观好看，至于密封性嘛，放一些辣椒和除湿剂就可以了，不仅除湿还能防虫。玻璃罐里的量杯是老公参加朋友婚礼时带回的礼物。量杯没什么其他用途，放在这里倒是派上了大用场。

🕐 8.6　上午 12:00

早晨要用的东西集中放在钢丝篮里

我把吃早餐时要用到的东西集中放在冰箱旁的钢丝篮里。装咖啡的保鲜瓶的瓶盖四周有一层密封圈，所以密封性能非常出众。用来保存果酒的瓶子里放着即食谷物以及老公为了强化肌肉每天早晚都要喝的蛋白粉。钢丝篮里还放了蜂蜜、用来吃谷物的碗以及托盘。我和老公都是上班族，把所有早餐要用到的东西集中收纳在这里，能在每个忙碌的早晨派上大用场。

🕐 8.3　上午 9:00

巧用铁夹
垂吊式收纳

钢丝货架的侧面，挂着一些厨房里经常使用的物品。买来的土豆和洋葱可以直接放进货架侧面挂着的网眼袋里。围裙、擦碗布之类也会直接挂在这里，随手就能拿到，非常方便。所有这些要实现起来只需要几个铁夹，这种铁夹综合了S型挂钩和普通夹子的优点，因为铁夹的下垂部分是双层的，所以即使挂重物也不容易变形或脱落，非常好用。

🕐 7.24　下午 2:00

新近入手的得心应手的厨房工具

图片中为甜甜圈模具。我不常烤甜甜圈，用这个模具可以烤出刚好放在小碟上的小巧可爱的甜甜圈。/masayo

图片中为日本贝印的削皮刀。可以用来给胡萝卜削皮、包菜切丝、洋葱切片，刀刃锋利，使用起来得心应手。/Kei

图片中为亚麻织物。挂在厨房的任何地方都很可爱，还可以用来擦手，或当桌布用，是非常棒的一件单品。/aatan妈妈

图片中为新入手的打扫工具。平常购物，我一般会选择白色或透明色，尽量是日本造且价格合适的东西。/holon

图片中在白底罐子上潦草地刻着一些英文。我很喜欢这种自然淳朴的小玩意，把它立在食品柜上做装饰还挺不错。/38 petite

图片中为野田珐琅的水洗桶。颜色纯白，造型简单，能放下直径20厘米的锅和大盘。/aoi

图片中为煮饭专用土锅。用中火煮大约10分钟，米饭就能做好。红小豆之类的豆类也能煮得十分软烂。/ayumm_y

图片中为双立人的刀具。刀柄有防滑装置，手握刀具时，大拇指正好落在防滑处，使用起来非常方便。/kozue._.pic

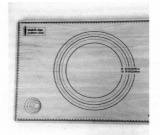

图片中为揉面砧板。可以用来揉面团或压出可爱曲奇，有了它，做起饭来更有效率。/yumimoo65

杂货、绿植、室内装饰品
空间考究的厨房

SEKOO102 的厨房

喜爱的器具和室内设计
打造舒适空间

————————

日本爱知县 · 独栋
夫妻 +3 个孩子（分别为 2 岁、4 岁及 6 岁）

厨房时间	早上	中午	晚上
	工作日：☀ 5 分钟	☀ 1 小时	☽ 30 分钟
	休息日：☀ 5 分钟	☀ —	☽ 老公负责休息日的晚餐

厨房的清扫频率	灶台四周：每日一次 水槽四周：每日一次	采购频率	每周一次

最爱厨事	泡咖啡款待朋友。我很享受在咖啡浓浓的香气中，一边挑选咖啡杯一边和朋友聊天，能给朋友们带来快乐是我最开心的事。

小女儿和她的最强拍档——小狗凳子

大女儿收到的第一个圣诞节礼物是一个小狗凳子。我们给它起名叫Chipper，三个女儿都很喜欢它。最近，小女儿经常踩着它去够高处。昨天我还听见她问小狗："你想去妈妈那里是吗？"听上去还真以为小狗是那么想的。然后她把小狗带去厨房，踩在脚下，隔着吧台看我炖牛肉，一眼瞧见了她最爱的食物便欢呼起来："啊，有我最爱吃的胡萝卜耶！"

🕐 2016.2.27　上午 11:30

食物储藏室内的收纳专用箱

我家的食物储藏室大概有两个榻榻米那么大。它位于厨房深处，里面放着罐头、干货、常温保存的蔬菜、熨斗、针线、便当用品、烹饪书籍、裁剪书籍和垃圾箱等。收纳用的是咖啡箱。咖啡箱规格是1千克的，用来收纳点心、药之类零碎的小物件再合适不过了，我非常爱用。放进箱子的东西分成几个大类存放，也不用贴标签。

🕐 2015.12.19　下午 3:00

随意设计咖啡架

　　终于决定重新设计一下厨房背面的墙面壁柜。我最近新购入了一台冰箱，微波炉也重新换了摆放位置，想着要不将这片一直懒得收拾的壁柜也换换新吧。壁柜以前的设计比较随意，这次我按照清爽风重新进行了布置。壁柜内的东西虽然和以前毫无差别，但却给人焕然一新的感觉。就连厨房都像变了个模样，以后要是看腻了再调整就好。另外，每天早上老公都会给我泡咖啡，希望今早的咖啡也一如往常般美味。

🕐 12.6　下午 3:00

父女俩的第一次贝果制作体验

　　老公如果喜欢一样事物，便会深陷其中无法自拔。曾经让他深深着迷的自制贝果，如今也成了大女儿的最爱。"今天教我做贝果吧！"女儿说，于是两人开始携手制作贝果。仔细观察爸爸的手法、认真听着爸爸的解说，女儿做出的贝果还挺像模像样的。现在，父女俩并排坐着等贝果出炉，画面真是太美了。我总以为，爸爸能教给女儿的东西实在不算多，所以这样的时光真是难得又珍贵。

🕐 11.15　下午 2:00

① 9.30　上午 11:30

简单省事的"单口锅"意面

今天中午我做了一直以来想尝试的"单口锅"意面。配菜就用冰箱里现有的，品种的确说不上丰盛。将配菜、意面、番茄酱、加盐胡椒、橄榄油、500毫升水一股脑放锅里煮就好了！简单又省事。以前我一般会分别制作酱料和意面，但也没感觉有多好吃。所以这个做法对我而言既方便又美味，非常好用。在烹调过程中，不会产生太多需要水洗的餐具，分量也足够我和小女儿饱餐一顿，以后估计会成为我家餐桌上的常客。

① 7.10　上午 11:30

和小女儿一起做玉米饭团

今天第一次尝试做了玉米米饭，味道实在太好，所以我准备留一些晚上做饭团吃。没想到小女儿嘴里嘟囔着："我来帮忙！"随后跑来我身边抓上一把米饭拼命往嘴里塞，吃得那叫一个欢畅。对于老三来说，两个姐姐都去幼儿园的时候，她就可以独占妈妈，并尽情撒娇了。

今晚的主角——老公的特制咖喱

🕐 2.22　下午 5:30

在我家，老公一般负责周六日的中饭和晚饭。今天，老公做了他的拿手好菜——特制咖喱。20厘米大小的白色锅里装的是甜口咖喱，26厘米大小的蓝色锅里装的咖喱加了很多香料，口味偏成人化。我平时只会做基本款咖喱，所以对于老公的特制咖喱非常喜欢。平时家里一般是我掌勺，为了方便烹饪，汤匙和锅铲之类的收纳遵循"展示性收纳"原则，统一放在随手可以拿到的地方。最常用到的工具则立在灶台旁的杯子里。

我家疯狂蔓延的石柑子

🕐 2.10　上午 10:00

手掌大小的小钵里，石柑子生机勃勃。为了尽可能把它放置在高处，我把小钵移至咖啡架的顶层。但就算这样，石柑子的藤仍止不住地疯狂蔓延，最近竟然朝着咖啡壶的方向延展过去（哈哈）！如果放得太高的话会不方便浇水，最好能放在孩子们够不着、不妨碍家务且还能赏心悦目的地方，但问题是哪里才有这样的地方啊！我很喜欢绿植，以后打算好好研究它们的种植方法。

🕐 2014.11.6　下午 2:00

"暴风雨"前的宁静

　　每天午后1点至3点是女儿们的午休时间，我一般会在这两个小时里集中精力收拾屋子。老三还小，正是精力旺盛期，经常把厨房、餐具柜、抽屉、冰箱，甚至是垃圾箱里的东西都翻出来，弄得家里连落脚的地方都没了。收拾房间得花不少时间，但弄乱房间却是一瞬间的事。今天我家地板难得干净，一会儿肯定又要遭受"暴风雨"般的洗礼了。

🕐 10.31　下午 4:00

常用的简单餐具

　　图片里的是我家餐具柜里的模样。餐具颜色不一，但样式却都很简单，其中最常用的便是白色餐碟。虽然样式简单，但却可以轻松搭配任何一款料理，用起来非常方便。每次要添购餐具时，我都会和老公商量。家里人不少，图片里的这些餐具感觉不是很够用，但是如果多买一些的话，又怕到时候不好收纳，显得凌乱，买还是不买，我和老公总是拿不定主意。

今年的日历还用这个!

　　今年是我家第三次用墙纸挂历了。这款挂历造型美观,而且留白空间大,可以轻松写下全家人的计划。我把它贴在了厨房深处的食物储存柜上,这样每天做家务时都可以看见,家里来客人时却不易察觉,把挂历贴在这样的地方最好不过。今年1月末我才入手了这款挂历,现在终于可以用上了。我一般不把计划直接写在挂历上,而是写在遮蔽胶带上后再贴在挂历上,这样如果有变动的话更改起来也更方便。

🕐 2016.1.31　下午 3:00

冬日里的大功臣——暖炉

　　一大早三姐妹就对满地的积雪兴奋不已。二女儿摇身变成刨冰店老板,将过期的刨冰糖浆浇在雪上,一回到屋里便喊道:"一起吃刨冰吧!"小女儿激动地跑出门一探究竟,无奈寒冷刺骨,竟号啕大哭起来。手套湿透了,我便把它放在暖炉旁的栏杆上烘干。这个季节里,暖炉可算是家里的大功臣。今天它更是格外受欢迎。有了这个暖炉,整个房子都变得暖烘烘的,还可以用它做杯奶茶,身暖心更暖。

🕐 1.20　下午 10:30

⏱ 1.1　上午 10:00

愿我的女儿们健康茁壮地长

　　元旦了！祝大家新年快乐！今年新学期开始后，我就准备重新工作了，预感生活会愈发地忙碌。但不管生活节奏如何变化，愿我永远不忘初心、砥砺前行。二女儿最近经常嚷嚷着要帮我做饭，她常常和我一起洗菜、切菜，一起干家务，看着孩子一天天长大，我感到无比欣慰。三个孩子总能带给我无尽的力量。希望今年也能一如往常，天天看见她们的笑脸。

⏱ 2015.10.18　下午 4:00

傍晚，在回廊上泡咖啡

　　我家LDK（指客厅、餐厅、厨房所构成的一体空间）的南面有一面大大的窗户，连接室内外的是一条木质回廊。天气好的时候，孩子们经常赤脚跑出去玩耍，我很庆幸自己盖了这样一间房子！今天傍晚，我们在回廊上享受户外咖啡。一边闻着浓郁的咖啡香，一边看着三姐妹嬉戏打闹，幸福大概也不过如此吧。图片中的孩子们正在院子里玩收集类似咖啡豆的小玩意的游戏。

lovelyzakka 的厨房

温馨实用
DIY咖啡店风情厨房

日本爱媛县 · 独栋
夫妻

厨房时间		早上		中午		晚上	
	工作日：	☁ 15 分钟		☀ 15 分钟		🌙 40 分钟	
	休息日：	☁ 15 分钟		☀ 15 分钟		🌙 40 分钟	

厨房的清扫频率	灶台四周：每次饭后	采购频率	每周一次
	水槽四周：每次饭后		

最爱厨事	我喜欢打扫，喜欢看着家里被收拾得干净整齐的样子。也不讨厌料理，不过只有当孙子们回来的时候，我才有烹饪的干劲。最近，我很喜欢给孙子们准备造型可爱的饭菜。

⏱ 2016.1.18　上午 11:00

巧用包装袋
收纳看得见

　　超市里拿来的勺子、叉子之类我总是不舍得扔，不知不觉中家里攒了一大堆。虽然勺子和叉子都用塑料袋包起收拾好，但总是容易被遗忘在抽屉的角落里。我先把勺子和叉子从塑料袋中取出，装进有手绘花纹的包装袋里，然后用夹子轻轻夹住封口，立在常用的咖啡用品的篮子里。收纳物品一目了然，井井有条。

⏱ 1.6　上午 2:00

两张鱼糕板打造时尚室内装饰板

　　鱼糕板特别适合用来做二次改造的小物件。正月刚过，我看家里剩了挺多鱼糕板，便拿来进行了简单的小改造。做法是把两块鱼糕板横向排列，用黏合剂将两块板子粘在一起。然后用黑板贴纸纵向缠绕一圈，这样就算做好了。这种改造法不用刷漆，连清洗刷子的工夫也可以省了。做好的装饰板既可以用粉笔写字或贴上转写贴或展示外文图书之类，用途非常多。

⏱ 2015.12.28　上午 10:00

用途多多的花纹锡纸

　　不久前买的一些素描图案的锡纸，为了物尽其用，我有时会用它来改造空箱子，或是用来遮盖储存瓶。烤鱼铁网的通风口特别容易掉入垃圾或粘上油渍，清洗起来十分费劲，于是我尝试用锡纸遮盖住通风口。锡纸对常用烤架的人也许没什么用，但对于我这种完全不用的人来说，却可以摇身变成可爱的隔层。以后，只要定期更换烤架上的锡纸就可以了。

巧用橄榄油让水槽光洁如新

我有一个独门妙招，能让水槽、水龙头还有不锈钢制品变得光洁如新。用到的是再普通不过的橄榄油，用手蘸少量橄榄油，在擦干水分的水槽内，以打圈的方式不断涂抹。如果有时间的话，可以用三聚氰胺海绵擦拭，效果会更好，不用的话也没关系。最后，用洗餐具的洗涤剂和海绵将油渍洗净，再用干布擦干水分，水槽立刻变得像镜子一样锃亮发光。

🕐 11.24　上午 11:00

用黑板贴纸改造餐具柜

这是个简单的DIY，却能让你在家感受咖啡店的氛围。用到的是黑板贴纸，有了它，改造一点也不难。这次我在餐具柜的玻璃门上贴了两张，贴时建议使用双面胶，如果以后需要撕下的话不容易留痕迹。黑板上的文字是类似意大利语的手写菜单，第一眼看过去还以为是咖啡店的招牌呢。黑板贴纸还有遮掩餐具柜的作用，这小小的改造让往日习以为常的风景好似有了不同的风貌。

🕐 11.9　下午 3:00

咖啡角的新伙伴——电热水壶

我准备一点点地改造家里的厨房，最近新购入一个电热水壶。这个水壶造型简单，我很早以前就想买了。现在虽然还有点热，但到秋冬季的话，喝热饮的机会就多了，所以我还是早早地入手了一个。之前家里用的是某日产普通品牌的电热水壶，现在总算可以大大方方地把它摆出来展示了。放在咖啡角里也完全没有违和感，我很满意！

🕐 8.14　上午 10:00

冰箱内既清爽又可爱

我买了一些杂货，试着用来遮挡冰箱里不太美观的地方，你别说，效果还挺好。首先，用到的是可水洗的聚丙烯餐垫（如图片1所示）。我把它裁成两半，一半贴在冰箱门内侧印有生产日期等的标签上方（如图片3所示）。这样既可以起到遮挡的作用，而且还显得很可爱，貌似还有防污的功效，我非常喜欢。

另外，我在处理调味料瓶的标签上也下了点功夫。这里用到的是装修用纸（亚麻）（如图片2所示）。我也曾用包装纸来遮挡调味料瓶上的标签，但因为材质的关系，包装纸很容易变软变皱。这种装修用纸比普通纸更结实，贴两层的话就可以完全盖住标签上的字，这样一来整个冰箱看起来会显得清爽不少。对于懒得将调味料灌装到其他好看的容器里的人来说，这种方法很值得推荐。

接下来要处理的是瓶盖！装酱油的红色瓶盖、装酒的绿色瓶盖等，颜色都太过鲜艳，我把它们全部都换成可替换式的黑色瓶盖。

④ 2016.1.10　下午 3:00

替换壁纸的地方

我家的厨房总是在不知不觉中慢慢地改变了模样，唯一没变的就是背面的墙纸。今天我终于一鼓作气，把旧墙纸给撕了。然后里里外外收拾干净，把墙纸换成了一直以来想要的白色板砖花纹。其实，这和几个月前在厕所里贴的墙纸是一样的。处理完墙纸之后，我终于有了一种如愿以偿、如释重负的感觉。新墙纸给人一种干净整洁的感觉，再添上一些其他装饰也显得很好看。改造后的厨房离我所期待的咖啡角又近了一步。

🕐 2015.12.13　下午 2:00

冰箱换色啦！

我家的冰箱以前是深绿色，但现在我却恨不得把它换成纯白色（哈哈）。我用撕拉式喷漆用贴纸给冰箱来了个大变身。贴纸本身是干净的白色，所以只要贴在冰箱外侧就可以了。贴上贴纸后的冰箱还可以吸冰箱贴，非常方便。冰箱上再挂两个小篮子以遮挡功能设置显示屏。之前对于冰箱的改造，我一直犹豫不决，下不了决心，现在烦恼终于快解决了，心里也舒坦不少。

🕐 11.25　上午 11:00

贴上马赛克瓷砖

就在不久前，我家咖啡角的桌面部分用的还是木质纹理的墙纸，我一直想把它换成马赛克瓷砖，这次终于如愿以偿了。使用的是30厘米×30厘米一张的贴纸。先在吧台上事先布满遮蔽胶带，这样在撕墙纸时可以避免对吧台造成伤害。站远一点看下效果，还真是挺可爱的！越发有干劲的我，索性把货架也稍微改造了一番（哈哈）。

🕐 8.20　下午 2:00

小改动让水槽四周的清扫更轻松

我改造了一下家里厨房吧台的内侧。先涂上白漆，然后把之前放在桌面上的收纳调料的木盒悬挂在墙壁上。这样每次打扫桌面时就不用再费劲移动木盒了。另外，再把买来的英文装饰标加工成复古风贴在墙面上。以前一说要打扫厨房，我总是提不起劲，以后我会尽量做些小的改动，让打扫厨房变得更轻松。

🕐 3.15　下午 3:00

① 1.16　上午 9:00

很好用！便利店里的再利用

今早值完夜班，我一个人逛了逛便利店。无意间一眼相中了一个十分可爱的小玩意，就是放在收银台旁玻璃柜里装薯条和炸鸡的小纸袋。买回家后，我试着把小绿植插在里面，看上去果然十分可爱。于是又试着换各种各样不同的绿植看效果，结果发现多肉和它也很搭呢！怎么说呢，有了这个小纸袋，绿植被衬托得格外鲜艳动人。唯一不足的是纸袋上残留的薯条和炸鸡的油渍，要是可以的话，我真想只买小纸袋回来用。

① 2014.11.27　上午 11:00

厨房里的挂式收纳

前几天我买了些可爱的厨房用品，我想把它们挂在吸油烟机下面，因为我希望把这单调的空间打造出心仪的时尚感。为此我找遍了家里的小物品，最后决定用磁铁挂钩和买来的链条，将它们改造成了图片中的模样，然后把买来的厨房用品挂在上面。怎么样，效果不错吧！小改造也能带来好心情。

专栏 03

厨房难题小帮手

打扫 · 收拾

擦拭。因为桌面是磨砂不锈钢材质的，所以即使有污渍也不容易看出来，但干净光亮的桌面总会让人心情格外好，所以我总是一边努力擦桌面，一边想象着它变得干净整洁的样子。/masayo

清理排风扇。为了不让油渍变得顽固难除，我总是及时清理排风扇。把厨房收拾干净后，就会想着再收拾收拾其他房间，看来厨房还是挺关键的呢。我的目标就是把家整理得干净利落。/38petite

讨厌清理燃气炉。老公实在看不下去了就会帮着清理，真是帮了我大忙。哈哈！/moyu♡

洗碗倒是没问题，但我却不喜欢把洗好的餐具放进餐具柜里，一般都麻烦老公啦！哈哈！/ayumm_y

一直以来就不喜欢洗东西。索性买了个洗碗机，自从将它充分利用后，我的生活方式完全发生了变化。不能放入洗碗机进行清洗的餐具我坚决不买，不论干什么活，都要用能放进洗碗机的餐具。烹饪时，一用完餐具就立刻把它放进洗碗机，饭后只要按个开关键就行。这样做，既省心又省力。现在，除了扁柏木砧板、铁质平底锅、还有一些没有更换的小物件外，其他餐具都用机洗解决了。/kei

我常想，在我睡觉的时候，孩子能不能帮我把碗给洗了啊，只洗碗就行！解决这个难题的诀窍就是，即便只有一个餐具，使用后立刻把它洗掉！只要这么做，洗碗其实也没那么难。/yumimoo65

我特别不喜欢洗碗，以前总是攒了一堆才洗，自从买了洗碗机，问题迎刃而解。虽然也希望不管什么家务活都亲力亲为，但还是会借助一下便利的工具（哈哈）。/cao_life

洗餐具

烹饪

琢磨菜谱是件费劲的事，所以在买菜前，我都会上网搜索一番，然后事先决定好想做的菜。琢磨怎么调味也不是那么容易，所以我一般都会一边看着书或App上的食谱，一边烹饪。/naa

烹饪。诀窍就是，在小女儿午休时把事前准备等麻烦的活儿都干了。而且，我很喜欢搭配餐具，琢磨喜欢的餐具搭配还能激发出我对烹饪的热情。/SEKOO102

不喜欢在寒冷的冬日清晨做便当，也不喜欢在酷热难耐的夏天做饭。诀窍就是，调整心情！晚饭后，洗餐具和清理排风扇、燃气炉之类的，老公都会帮我一起干。/tami_73

并非不喜欢，但是由于油炸类料理做起来会四处溅油，清理起来很麻烦，所以我总是下意识少做。我会通过改变烹饪手法来解决这一难题，如使用面包机来把它做成油炸风味等。/holon

miyano1973 的厨房

用应季的鲜花及实用的器具
将每天身处的空间变得更舒适温馨吧

————

日本京都府·公寓
夫妻＋孩子（6岁）

厨房时间		早上	中午	晚上
	工作日：	☀️30 分钟	☀️—	🌙40 分钟
	休息日：	☀️30 分钟～1 小时	☀️—	🌙40 分钟

厨房的清扫频率	灶台四周：每次饭后 水槽四周：每次饭后	采购频率	每周二三次

最爱厨事	从烹饪到收拾整理，关于饮食的一连串工序我都很喜欢。我平常的工作是和花打交道，所以平时烹饪时，特别是款待客人时，我会根据料理、餐具、心情以及当日的计划等，挑选应季花草来装点餐桌。

球根瓶里的原生郁金香

这是我非常喜欢的一个小角落。在厨房后架空余处，随意插上一朵原生郁金香以作装饰。用球根瓶这种款式的瓶子插郁金香，可以欣赏到植物根部的生长状况，设计感很棒。我认为，花也属于室内设计。比起一枝独秀，我更爱那些和周围空间相得益彰、交相辉映的花种。

🕐 2015.12.15　上午 8:00

连冰箱都能藏得下的食物储藏室

我正在收拾整理厨房旁的食物储藏室。储藏室里保存着料理用工具、收纳瓶、干货以及一些食物。储藏室能放下整个冰箱，这点设计最合我意。我家的冰箱是国产的，放哪里都感觉大小不合适，藏在这里真是再好不过了。因为就在灶台旁边，所以烹饪时去冰箱拿取东西也很方便。冰箱位置比较隐蔽，所以贴上一些学校里的便签也完全不影响厨房美观。

🕐 11.24　上午 9:00

白镴（锡铅合金）质米桶盖

我家装米的是一个大号储藏罐。我从20多岁开始就一直用它，几年前，年幼的儿子把盖子打碎了。从那以后，我便一直将白镴质的小碟当作米桶盖。这个碟子大小造型都很适合米桶，和其他玻璃瓶摆一起也完全没有违和感，我很喜欢。

🕐 11.12　上午 6:30

@ 10.6 上午 9:00

打造理想厨房

我家进行二次翻修时，改造厨房最下功夫。收纳空间要保证既宽敞又清爽；过道要有足够的空间以方便行动；从柜子到抽屉，所有家具都逐一定制，希望这次的改造能给我和心爱的厨具们一个舒适的烹饪空间。图片展示的是从我家客厅处眺望厨房的场景，我个人非常喜欢。吧台选用砂浆砌筑，这样看过去空间设计感会更强。

@ 10.6 上午 9:00

装饰柜里蔓延的那一片绿

厨房的背面，铺了一整片墙面的大块白色瓷砖。在那里摆一个装饰柜，里面放一些咖啡器具、小砧板、好看的器皿等以作装饰，还可以随意搭配一些应季绿植。现在图片里生长正欢的是马达加斯加茉莉。翠绿的枝芽给黑白基调的空间带去了些许灵动与活力。养殖用的土也专门用玻璃器皿装上，这样看起来也更美观。不知道它在春天会绽放出怎样美丽的花朵。

@ 9.19 上午 6:00

假日前的清晨，放松一下吧

今早我想稍微放松一下，准备了一杯白开水和几块抹布。我也不是天天喝白开水，今天是连休前的最后一个工作日，所以准备放松放松。杯子是日本陶艺家村上跃先生的手作，他的作品不用器械纯靠双手捏制而成。握着这样的艺术品，总能给人一种安心踏实的感觉，而且也非常适合这样的早晨。图片中的抹布有麻布特有的质感，我很喜欢。

长这么高了！生命力旺盛的豆苗

豆苗买来后，从袋子里取出就立刻浸在水里，不过二三天，就长得这般旺盛，这是要长到多高才肯罢休啊。切一些食用后，豆苗又往上蹿了一些，虽然没有第一次那么高，但也足够吃两顿了。豆苗营养丰富，可做的菜品也多。既可观赏又实用，真是一举两得啊。

🕐 9.17　上午 8:00

换个洗碗海绵换种心情

今早得空把水槽四周收拾整理了一番，顺便还换了个新的洗碗海绵。这款海绵孔隙大、易起泡、易沥干水分、握感舒适，我非常喜欢。海绵分两层，颜色都是黑色，显得很有质感，整个厨房也显得时尚有品位。这是我家爱用的常备品，大概一个月就得换一个。

🕐 9.18　上午 8:00

今年最后绽放的绣球花

我家的装饰柜里点缀着今年的最后一枝绣球花。这是一种透着淡淡绿色的非常可爱的绣球花，它可以种在自家阳台的花盆里，所以最近广受追捧。用到的花器是图片中的这种玻璃瓶，这是瑞典著名陶艺家Signe Persson-Melin的作品。这是她较早时期的作品，所以富有独特的质感，将它融入日常的风景中，精神世界仿佛也变得丰富起来。

🕐 9.1　上午 9:00

今晚款待客人

今晚老公的同事来家里聚会,我正在准备一会要用到的香槟酒杯。这些酒杯造型简单、使用方便、价格合适,所以家里珍藏了很多。我非常喜欢器皿,自称是个"器皿控"。在我看来,没有比用喜爱的器皿品尝美味佳肴更幸福的事了。我经常和小伙伴们举办百乐餐,或和妈妈们带上孩子一起享用午餐。

🕐 2015.12.27　下午 10:00

终于下定决心

终于下定决心沥水架换个大的!

自从搬到现在的家里以来,我总觉得厨房沥水架不是很好用。考虑到现在的厨房空间足够宽敞,我索性换了个大一点的沥水架。新的沥水架品牌虽然和以前的一样,但尺寸大一些,并使工作效率提高了不止一点点。清洗和收拾餐具的压力也小了不少,这让我深刻体会到根据空间设计工具的重要性。之前的沥水架还很新,我打算将它带去单位用。

🕐 2016.1.8　上午 8:00

爱上米糠油

　　最近我买了些一直想要的米糠油，这是在日本工厂通过低温萃取的方式生产的，精炼过程中产生的反式脂肪酸很少，所以非常适合加热烹饪。听说食用米糠油对身体非常好，所以我一次性买了很多。昨天，试着用它做了蔬菜烤肉，感觉口感非常清淡不油腻，味道还很不错，看来它要成为我家新的餐桌常客了。即使反复用它油炸食物，油的颜色也不会变深，气味也不会变得刺鼻，非常好用。

9.2　上午 9:00

爱用道具的收纳办法

　　今天我在灶台旁的瓷砖墙面上安装了一排挂平底锅的不锈钢挂钩。平底锅我喜欢外形美观、使用方便的成田理俊先生设计的产品。这种挂式收纳拿取非常方便。刀具我一般采用展示性收纳法。在水槽旁放上宜家的刀架，这样在烹饪时，能快速找到想用的刀。收纳空间的每一次改进，总能给生活带来些许便利，让生活变得更加舒适。

38petite 的厨房

忠于自己的、舒心的、
布罗康特风的纯白世界

———

日本鹿儿岛·独栋
夫妻 +3 个孩子（分别为 12 岁、15 岁及 17 岁）

厨房时间		早上	中午	晚上
	工作日：	☀ 1 小时	☀ 一	🌙 2 小时 30 分钟
	休息日：	☀ 1 小时	☀ 2 小时	🌙 2 小时 30 分钟

厨房的清扫频率	灶台四周：每日一次 水槽四周：每次饭后	采购频率	每周两次

最爱厨事	制作点心。结束一天的家事，夜半时分独自享受做甜点的乐趣，这大概是我一天中最幸福的时刻。做好的点心给家人品尝，或送一些给朋友们分享。咖啡也是我的最爱。能喝着手磨咖啡、吃着自制点心，是件非常幸福的事。

🕐 2016.2.5　下午 3:00

太爱坚果了
两种美味食谱

　　我对坚果的喜爱近乎于疯狂（哈哈）。今天我尝试做了号称为"超级食物"的蜂蜜坚果和坚果燕麦。蜂蜜坚果的做法很简单，把烤坚果在蜂蜜里浸泡一周就可以了。用奶油奶酪把坚果抹在法棍上，味道简直绝了。坚果燕麦的做法，就是在燕麦片、黄糖、菜籽油里放入多种坚果搅拌均匀即可。再将它们包装得可爱一些，完工！

🕐 2.1　上午 6:30

让家人活力满满的水果蔬菜冰沙

　　每天早晨，我们家人都会喝上一杯水果蔬菜冰沙。冰沙里有小松菜、苹果、香蕉和猕猴桃。冰沙一般是和便当同时制作，使用的食材也是固定的四样。另外，我还会额外喝一杯只有从养乐多销售员那里才能买到的养乐多400。我家喝冰沙已有3年之久，现在感觉早上不喝上一杯，倦怠的身体就没法从睡梦中醒来，而且貌似孩子们也不爱感冒了。

🕐 1.14　上午 9:00

食物储藏室和冰箱的障眼法

　　我家的室内装修基本都是白色系，厨房里的小物件和家电也尽量统一成白色。我的收纳原则是，美观大方的物品做展示性收纳，略显凌乱的物品做储藏式收纳。冰箱虽然是白色，但存在感略重。我在顶部支一根带有夹子的伸缩棒，再在上面挂上一种双层纱布的布料，这样来客人的话就可以稍微遮挡一下冰箱了。储藏室也选用偏古朴风的蕾丝稍加遮挡，这样厨房竟有了一种柔和的氛围。

① 1.10　上午 10:00

用复古窗做空间隔断

　　我家的厨房为开放式，这样厨房操作处于完全可视的状态，而且空调的风也会直接吹到食物上，为了避免以上两个问题，我在客厅和厨房间做了一个图片上的这种隔断。用到的是日本产的旧窗户，窗玻璃保持原样，只把窗框涂成了白色。我非常喜欢去商店里淘一些家具、杂货、小物件等精致的小古玩。今年也没怎么买这些小玩意，所以我决定花钱买些衣服。

① 2015.11.10　上午 7:00

清一色的调味料瓶

　　我找来了一个白色珐琅质的面包盒，用来装调味料瓶。不用的时候面包盒的盖子是关上的，打开盖子后，我希望映入眼帘的依旧是清一色的瓶瓶罐罐。所以，我只把诸如白砂糖、盐、土豆粉、泡打粉等白色的调味料放在面包盒里储存。调味料瓶的盖子也特意涂成白色。有时我也会在里面存放一些黑芝麻，这时我会在调味料瓶里放白色的纸杯，这样就看不见芝麻原本的黑色了。

① 10.24　上午 10:00

这就是我喜欢白色的理由

　　平日里，我很喜欢把身边的空间涂成白色。从收纳用的面包盒、储存罐到家具和门窗等小部件全部都不放过。白色既干净又明亮，而且还能使空间显得更宽敞。对我来说，这是一种让我感觉很舒服的颜色，看见它仿佛做家务都更有干劲了。对于一些白得过于单调的地方，我会配上一些绿植、古书籍、略显做旧感的杂货来丰富色彩搭配，调整空间布局。

9.19 上午 10:00

新买的烤箱
我还是选白色

我又入手了一台新烤箱，和以前的烤箱相比，新烤箱体积更大，一次可以做出更多的点心。颜色嘛，自然是选择白色。购买家电时，我最先考虑的就是颜色，其次才是功能。由于之前并没有仔细测量家里摆放烤箱位置的大小，结果买的烤箱尺寸偏大，我们绞尽脑汁寻找新的位置，最后还是决定把它放在食物储藏室里。新烤箱有很多实用的功能，希望它以后能派上大用场。

9.5　下午 7:00

摇摇风铃开饭咯

在我家的楼梯处挂着一个风铃。碍于每次做好饭后扯着嗓子招呼大伙儿来吃饭（而且房门要是关着的话似乎也听不清），我改用摇风铃的方式来告诉二楼的三个孩子"要开饭咯"。原本棕色的风铃被我特意涂成了白色。它价格便宜、造型可爱，我毫不犹豫就给买了下来。稍微给它做点改动，就变成了独具个人特色的小玩意。

8.19　上午 6:00

围裙也是一道风景线

这个白色的围裙挂在我家厨房到客厅过道上的装饰柜上。每次一围上围裙，很自然地，心情就能自动转换到烹饪模式。为了给处在生长期的孩子们做出可口的菜肴或点心，心里总是铆足了干劲。布料作为一种室内装饰物，总能给空间带来些许柔和感，所以我一般用来做展示性收纳。图片中的装饰柜处，我还挂了一种气生植物以作画龙点睛之笔，此处有白有绿，看起来十分清爽。

希望排风扇同样纯白无瑕

🕐 2014.12.17　上午 10:00

　　盖这栋房子时，我就一直幻想着能有一间贴着雪白瓷砖的纯白无瑕的厨房。经过我一点点地精心打造，厨房逐渐有了想象中的模样。但在挑选厨房设备上我却遇到了难题，因为功能又强大颜色又正好是白色的设备实在不好找，如现在最让我头疼的排风扇。目前中意的所有品牌里都没有白色型号的，虽然外侧可以刷成白色，但内里就无能为力了。目测白色贴纸也不能解决这个难题，我正在研究有没有其他好办法。

水槽下清扫工具的收纳法

🕐 2013.10.30　上午 10:00

　　我家的清扫工具收纳在水槽下的钢丝篮里。我最近正在用的是重曹、柠檬酸、碳酸氢三钠等天然清洁剂，这里的容器和道具也都是白色。也许有人会认为，清一色的白色容易让人产生视觉疲劳。但于我而言，白色象征着干净。当身边的每一件物品都呈现出这样一种干净整洁的状态的时候，我的心情也会变得平静而舒适。所以，白色是我生命中的主题色。

DIY 橱柜门
隐藏带来清爽

　　以前我家的工具柜采用的是展示性收纳，但家里的厨房不知道为什么总是显得乱糟糟的。思来想去，我决定把工具柜DIY成隐藏式收纳。为此，我自制了两种门，一种是双开折门，一种是单开门。虽说是DIY，但其实大部分还是老公动手，我只负责刷漆（哈哈）。安上门后，不知道是不是因为白色的面积增加了的缘故，整体空间看起来更清爽了。放在工具柜里的锅、碗等小物件也全部用白色的箱子装好。效果简直太棒了！

🕐 2012.9.14　上午 10:00

制作运动会便当

孩子们今天参加运动会。我特意准备了很久没做的多层便当，里面有三明治、炸鸡块、汉堡包，还有孩子们想吃的蛋包饭、花型火腿和蛋、用芝麻当眼睛的鹌鹑蛋小人儿！前一天我还专门做了一些随餐的小装饰物，有插在食物里的小旗、贴在一次性容器外的标签、装筷子的袋子等。另外，还做了一个白底印有"happy day"字样的印章。这些都是我经常做的小装饰，虽然造型简单，但我很喜欢。

🕐 2015.10.9　上午 6:00

制作杏子酱

每年6月，正是吃杏子的时节。杏子直接食用非常甜美，做成果酱味道就更棒了。做果酱可以防止杏子因量太多来不及吃而导致的浪费，所以我家每到这个季节都会做一些。今天的早餐就吃了不少呢。装杏子酱的瓶子有市面上卖的果酱专用瓶以及品牌收纳瓶（如品牌：WECK），还有在普通杂货店买的瓶子。为了让果酱瓶看起来更可爱，我在瓶身上贴上便条签，在上面手写或用印章盖上"杏子酱"的字样。

🕐 6.29　上午 7:00

tami_73 的厨房

厨房就是自己的城堡
不论烹饪美食还是物品收纳
都能随心所欲

———————

日本滋贺县 · 平房（DIY 装修设计）
夫妻＋Marcelo（法国斗牛犬，6 岁母）

厨房时间		早上	中午	晚上
	工作日：	☀ 30 分钟	☀ —	☽ 30 分钟～1 小时
	休息日：	☀ 30 分钟～2 小时	☀ 15 分钟	☽ 30 分钟

厨房的清扫频率	灶台四周：每周一次 水槽四周：每天一次	采购频率	每周一次

最爱厨事	装盘。喜欢钻研菜品的颜色搭配及分量的多少，以使食物看起来可口诱人。在提前准备食材的时候精力最集中。兴致高的时候，不知不觉三四小时很快就过去了。

⏱ 2016.2.20　上午 10:00

厨房 DIY

　　我的家是一间房龄40年的平房。最近，我把整个家做了一次翻修。将厨房的地板拆除，露出水泥地面。图片正面的收纳架是我的朋友、一位家具匠人特意为我量身定制的。我喜欢将物品放在一眼就能看见的地方，并根据喜好任意变化展示风格。蒸笼、锅、马克杯之类的都悬挂在操作台的上方，我很喜欢这样的室内设计。今天，厨房新添了一抹垂挂下来的绿色！这是为了庆祝我新书《今日便当》出版，婆婆送给我的！

⏱ 2.17　下午 1:00

开始事前准备的契机

　　我一般选择在周六或周日制作常用菜。起初计划，提前备好常用食材应该能节省每天制作便当和晚饭的时间。没想到慢慢养成习惯后，发现这样不仅可以节约时间，还能节省食材，而且再也不用绞尽脑汁地琢磨如何摆盘，同时还能达到膳食营养均衡的目的。我一周会去一次生协超市（日本生协是生活协同团体的简称）采购大量食材，再花2小时30分钟一口气做出十五六道菜。可冷冻的菜品就储存起来，之后可把它搭配进每周的食谱里。

2.19　上午 7:30

崭新便当盒闪亮登场！

　　工作日，每天都会给老公做便当，有时也给自己做。今天的便当为两人份，大大的梅干肉下面压了些柴鱼拌饭料。便当装盘的关键，即在食物之间不留空隙。若有汤汁多的菜品的话，最好用杯子（图片中不显示）盛装。今天我用的是新买的便当盒，图片右侧的便是。我试着问老公："你觉得哪个好？"，他想都没想便说："左边的"…… 好吧，其实我也只是随便问问而已，右边的新便当盒早已被我放进自己包里了。

2.17　上午 10:00

新近入手的三个心水单品

　　图片中的物品是我新近入手的单品。第一个是一本食谱。有了它，在家也能做出和店里一样美味的辣味咖喱。第二个是清扫犄角旮旯的小扫帚。第三个是一个方形便当盒，菜品摆在里面会显得非常整齐漂亮。我和老公都喜欢杂货和室内装饰品，也会经常一起逛逛类似的小店铺。我俩也都非常喜欢略带历史感的小物件，所以也总买那种能在不断地把玩中慢慢呈现出独到之处和做旧感的小商品。

11.15　下午 1:00

今天的事前准备
用途多多

　　今天提前准备的菜品共有13道。从图片的左上方往右数的第三个白色容器里装着的是浅黄色洋葱。它的用途非常多，使用起来也很方便。因为做起来很费时间，所以若条件允许，最好一次性多做一些冷冻备用，它能很好地起到给咖喱和洋葱汤提味的作用。右下角玻璃瓶里装着的是腌制的根茎菜以及紫甘蓝沙拉。色彩鲜艳的菜品可以用来点缀便当，作用大着呢！

11.9　上午 7:30

用常用菜搞定便当！
便当小窍门

　　将常用菜不断地往便当盒里塞啊塞啊！好了，大功告成！我们夫妻俩用过的便当盒达8种之多。图片里的算是历史最为悠久的一个了，它可以放进微波炉里加热。虽然装的都是些常吃的菜品，但若换上造型各异的便当盒就能给人带来不一样的视觉冲击。主菜油炸羊栖菜是冷冻保存率很高的一道菜，很适合用来做火锅或汤的配菜，非常方便。

11.8　上午 11:00

三口锅、三个灶——便是我最爱的光景

　　我最爱的厨房光景，便是做常用菜时，眼前的这番景象。雪平锅静静地坐在燃气灶上，发出咕嘟咕嘟的声响，氛围相当惬意。我家原本只有一个燃气灶，厨房改造后，增至三个，烹饪效率得到了很大提升，厨房整体也充满了设计感。燃气灶用的是日本林内的商家专用版。锅没有手柄，需要像日料店里那样用专用钳来夹取。这样不仅方便收纳，看起来还很专业，我很喜欢。

⏱ 11.8　下午 1:00

今天的事前准备
按以下步骤做常用菜

　　今天提前准备的菜品有14道。除去平日里常做的，还有红薯沙拉、肉松土豆及煮南瓜等。因为是秋天，所以芋头、根茎菜用得比较多。做常用菜时的诀窍是：一开始就把洗菜、切菜等准备工作一口气做完，然后再集中精力进行烹调，烹调一般在集中力不宜涣散的2个半小时内完成。其实我也是个怕麻烦的人，也有不喜欢做的步骤，但我都会找到适合自己的方法，这样才能每天怀着愉快的心情做菜。

⏱ 11.3　下午 2:00

老公泡的咖啡与假日的早午餐

　　天气怡人的假日里，我喝着老公泡的咖啡，享受着早午餐。家里虽说是我掌勺，但厨房里的家具和器具都是我和老公一起精心挑选的，厨房也是我俩在经过几番研究后苦心打造的。冬日的清晨虽略有寒意，但阳光透着窗户照进屋里，也仿佛照进了心田。家里虽然还有很多不尽如人意的地方，但这却是我俩亲手打造的、充满爱意的城堡！

① 10.12　下午 6:00

简单的盘餐仅靠摆盘取胜

　　今天的晚餐是简单的盘餐。菜品除了有姜烧猪肉外，还搭配了冰箱里库存的常用菜。我认为好的摆盘能让人食欲大增，所以很有必要花心思研究。另外，我也很喜欢选购各种容器。图片中的餐盘是我在每年都会参加的日本京都五条坂的陶器节上淘来的名家之作。平常节省一点，但凡遇到喜欢的器皿，就果断入手！

tami_73
的小妙招

2 小时搞定至少 10 道菜！

提前准备的诀窍和步骤

准备好烹调场所和用具，烹调就会变得格外轻松。

学会用2小时高效做出至少10道菜。

要做的菜品	
Ⓐ苏格兰蛋　　Ⓑ水煮甜豆　　Ⓒ拌饭食材（青花鱼、莲藕、茼蒿） Ⓓ胡萝卜沙拉　Ⓔ可乐饼　Ⓕ萨尔萨沙拉　Ⓖ紫菜芝麻凉拌小松菜 Ⓗ咖喱牛蒡胡萝卜　Ⓘ黄芥末粒炒莲藕　Ⓙ腌海带炒胡萝卜　Ⓚ 烤鸡	

	燃气炉	微波炉	不使用明火
开始			
	• 做水煮蛋Ⓐ • 用盐水煮甜豆 → Ⓑ 完成 • 烤青花鱼Ⓒ （冷却后剔下鱼肉）		• 将全部蔬菜洗净→切成段→ 切碎（与其他步骤同时进行， 约30分钟） • 将切好的胡萝卜用盐轻轻揉 搓Ⓓ
30分钟	Ⓑ	• 煮好西蓝花、胡萝 卜及土豆Ⓔ • 将煮好的茼蒿切碎Ⓒ	• 将切丁的洋葱、 番茄和黄瓜等拌匀 →Ⓕ 完成 • 用调味料为切好 的胡萝卜调味 →Ⓓ 完成 Ⓕ
	Ⓗ	• 煮熟小松菜，加入 芝麻、紫菜、调味 料调味→Ⓖ完成	Ⓔ Ⓐ Ⓓ
60分钟	• 将牛蒡和胡萝卜切成 略粗的细丝并翻炒， 加入咖喱粉等调味→Ⓗ 完成 　　• 翻炒切成半月形的 　　莲藕，加黄芥末粒 　　调味→Ⓘ完成		
90分钟	Ⓘ • 用削皮刀将胡萝卜削成 薄片状，加入腌海带 进行翻炒 → Ⓙ完成	Ⓖ	• 将西蓝花、切碎的胡萝卜、压成 泥的土豆拌匀并调味，之后撒上 面包糠→Ⓔ 完成 • 给水煮蛋裹上肉泥，捏成圆形后 再裹上一层面包糠→Ⓐ 完成
	• 烤好莲藕，并与其他食 材隔开放置，填满容器 →Ⓒ 完成	Ⓙ	• 将鸡肉放进密封保鲜袋内，加 入混合调味料后充分揉搓→Ⓚ 完成
120分钟	Ⓒ		Ⓚ

masayo 的厨房

刚出炉的面包和家人的笑脸
美好的一天从厨房开始
————

日本爱知县 · 独栋
夫妻 + 两个孩子（分别为 7 岁和 9 岁）

厨房时间		早上	中午	晚上
	工作日：	☼ 45 分钟	☀ 30 分钟	☽ 1 小时
	休息日：	☼ 45 分钟	☀ 30 分钟	☽ 1 小时

厨房的清扫频率	灶台四周：每日一次 水槽四周：每日一次	采购频率	每周二三次

最爱厨事	做点心或面包。孩子还小时，我就喜欢在他们睡觉时偷空做一做，从那以后便一发不可收拾，现在已然成为我每日的必修课了。家人简单的一句"好吃极了"就能带给我满满的幸福感。我梦想着有一天自己能开一个料理教室，和大家一起分享制作点心的乐趣。

① 11.18　下午 3:00

雨天的午后和女儿一起做曲奇

　　又是个下雨天，女儿在家里百无聊赖，于是和我做起了小点心。将冷冻的覆盆子泥做成果酱，再用它做成扑克牌形状的果酱夹心曲奇。女儿开心地帮我在曲奇中心用模具压出心形，再倒入果酱。她很喜欢吃曲奇和松饼，儿子却是个彻底的肉食主义者。她爱喝碳酸饮料，儿子却滴口不沾。虽说是兄妹，差别还真不小呢。

① 7.25　上午 7:00

向日葵吐司
给重要的日子加个油

　　今天，孩子们要参加钢琴汇报演出。为了给他们鼓劲，我做了应季鲜花——向日葵主题的吐司。花用小香肠和玉米粒做成，吐司表面涂上番茄酱和化奶酪。孩子们很喜欢这样的创意。在我小的时候，也曾渴望能吃上这样的吐司呢！现在他们俩的汇报演出都结束了，我悬着的心也终于可以放下了。

① 7.14　上午 7:00

香松饼

　　今早做了我们家常吃的甜点——日式厚松饼。想要烤制成功，关键就是要使用硅胶材质的厚松饼模具。有了它以后，每次做都能成功！此外，我们家从来不用市面上卖的松饼粉，面糊都是用面粉、鸡蛋、牛奶、砂糖、化黄油和泡打粉纯手工制作的。搅拌面糊时，力道要轻柔，切不可过度，这样做出的松饼才会外表蓬松、口感软糯。

① 7.10　上午 10：00

用最普通的食材自制面包

今天老友来访，我起了个大早，准备给他做些芝麻贝果面包尝尝。最近做面包，我都会就近取材。以前光选个面粉都要绞尽脑汁、煞费苦心，现在却觉得享受做面包的过程更重要，至于食材就不用那么挑剔了。而且，做面包时可来不得半点偷懒。比如这个芝麻贝果面包，如果省略炒芝麻的步骤的话，面包就无法散发出芝麻特有的浓郁芳香。

① 3.26　上午 7：00

早餐想吃松饼……

今天我用草莓和酸奶奶油做了松饼当早餐。松饼被层层落起并搭成塔的形状，看着就让人食欲大增。制作这道点心的小秘方就是既健康又清爽的酸奶奶油。做法很简单，在脱水酸奶里加入砂糖，再和打发好的鲜奶油搅拌均匀就可以了。因为酸奶奶油里一半都是酸奶，所以口感不会油腻。而且比起鲜奶油，卡路里低了不少，所以多吃一点也不会有罪恶感。

① 2014.12.1　下午 9:00

自制果仁谷物营养麦片
根本停不下来

做好即装入瓶内，吃完了继续做，这样周而往复……这就是我们全家都爱吃的果仁谷物营养麦片。麦片一般装在玻璃瓶（品牌：WECK）内，女儿常常抱着瓶子吃，老公也是，将不爱吃的果仁挑剩在一边，麦片吃得嘎嘣响。谷物麦片在我家成了随手就来的小零食。做法也很简单，将食材混在一起烤30分钟就可以了。有兴致的时候，我也会制作巧克力口味的。

今日午餐各式司康饼

在家制作各式各样的英国司康饼，与老友四人小聚一番。我做了两种司康饼，还有用无水锅做的蔬菜浓汤以及沙拉。用草莓、红玉（一种苹果品种）、柑橘做成的手工果酱，再以打发好的淡奶油以及新鲜草莓搭配司康饼。老友中，有人擅长缝缝补补，有人会用树木的果实做手工艺品，大家小酌怡情、相聊甚欢。

🕐 2015.12.6　中午 12:00

带上好吃的来参加家庭聚会吧

带上黄油焦糖苹果馅的磅蛋糕去参加家庭聚会。蛋糕放进雏菊模型的模具里烤制，烤好的蛋糕如花般绽放。我虽是个大大咧咧的O型血，但在做蛋糕时也懂得精雕细琢的道理，称重精确到1克，涂抹黄油也力求做到均匀平整。想当初学做点心时，老师曾教导说："要把它当作拿去店里卖的商品一样细心对待"，我至今仍铭记于心。

🕐 10.23　上午 10:00

用可爱的手撕面包庆祝女儿幼儿园毕业

现在，我迷上了做手撕面包。女儿昨天参加幼儿园的毕业典礼，我用手撕面包做了三明治以示庆祝。面筋揉成手掌大小，整齐摆入做点心的圆环形模具里烤制。模具的导热性很好，所以烤制时间比普通面包要短。三明治的馅料有火腿和鸡蛋两种。女儿很爱吃鸡蛋，我以为她只会挑鸡蛋吃呢，没想到火腿三明治她也很爱吃！

🕐 5.21　下午 6:00

面包、餐具、便当
简易不失时尚的成年人料理

———————

日本冈山县·公寓
夫妻 + 两只吉娃娃

厨房时间		早上	中午	晚上
厨房时间	工作日：	☀ 1 小时	☀ 一	🌙 40 分钟
	休息日：	☀ 45 分钟	☀ 30 分钟	🌙 1 小时

厨房的清扫频率	灶台四周：每周一次 水槽四周：每周一次	采购频率	每天一次

最爱厨事	烹饪的每一道工序我都很喜欢。要说其中之最，便是盘饰雕花和便当摆盘。我喜欢一边设计摆弄手中的食材，一边想象着作品成形后的效果；还喜欢切包菜丝以及切葱末。抛开一切杂念，集中精力地切菜还是个不错的解压方式呢（哈哈）！

"1小匙"的面包与木质容器最配哦

① 2016.3.23　上午 7:00

今天用到的面包是日本鸟取县"酵母面包1小匙"的法棍面包，中间夹上嫩菜叶、里脊火腿以及蛋黄酱拌洋葱金枪鱼。这家店的面包，用的是应季的天然食材发酵而成的酵母，面包越嚼越有味。我猜这样的面包大概最适合木质容器吧，所以用木工艺家须田二郎的碟子给它装盘。须田二郎是一位很有个性的工匠，喜好以废木材为原材料，在木材彻底变干燥前，将它们雕刻成不同的工艺品。我们家的木制容器中，大概六成都出自他之手。

香蕉花瓣下的可爱吐司

① 3.20　上午 7:00

今天的早餐是香蕉花瓣吐司。虽然不过是用蔬菜压模将香蕉压成花朵的形状，但圆圆的造型却让人心情大好。花朵下涂抹的是花生黄油。以前我曾投稿反映无糖的花生黄油吃起来寡淡无味，随后经人指点，说搭配香蕉就会好吃，但对我来说，味道并没有太大变化。今早，我在花生黄油里添加了少量砂糖，虽说有些勉强，还是起到了一点提味的作用。

青蛙吐司和丰富的蔬菜

① 3.19　上午 9:00

青蛙吐司配上新鲜蔬菜，简简单单一盘早餐。颜色鲜艳的圣女果实在是太可爱了，我忍不住把它塞进青蛙的小爪中，咔嚓来张照片。用"跳出面包"这种类似压模的面包专用厨具就能轻松地做出图片中立体的青蛙造型吐司。配套的小部件还能做出小熊和熊猫造型。虽说这类厨具并非生活必需品，而且做出来的面包还不方便下口，但是构思新奇有趣，我很喜欢。

3.15 上午 7:00

日式容器与贝果三明治的完美组合

今早，我用买来的贝果做了贝果三明治。在面包中夹上蛋黄酱拌洋葱金枪鱼和豆苗菜，还撒上了足量的我最爱的黑胡椒。平时我常用白色系容器，今天无意中选了个黑色的，搭配起来感觉还挺新鲜。这个黑色小碟是一位日本陶艺家的作品。它摸起来有一种磨砂般的质感，在阳光的照射下，能展现出不一样的色泽，堪称极品。看来面包和日式容器也挺配。

3.12 上午 10:00

我的切片面包类排行榜第一名！

我在社交网站上结识了一些吃货好友，他们常常给我这个"面包白痴"送一些无法邮购或者在我住的地方买不到的面包。今天吃的这款上面堆了一层水果的厚土司就是他们送给我的。这家店的面包用的是石磨磨出的新鲜面粉，所以一开袋就能闻到一股不一样的小麦香。在我心里，这个绝对是西日本面包排行榜、切片面包类的第一名。

3.1 上午 10:30

用牛油果果酱做出心仪的花纹图案

今早，为了做出图片中的花纹图案，我特意做了份牛油果果酱。从冰箱里拿出软硬适中的牛油果，将它捣成泥，涂抹在面包表面，然后用叉子在表面交错划出花纹图案。看，样子很漂亮吧！面包是从日本山梨县一家面包店买的黑糖口味的法式乡村面包，和牛油果搭配起来堪称完美。配菜是豆瓣菜草莓沙拉，加点橄榄油和盐简单拌一下，味道好极了。

超市卖的面包也能做出惊人的美味

🕐 2.17　上午 10:00

我家购入一款给面包达人量身定制的烤面包机，它的功能非常强大。例如，想做奶酪烤面包片的话，在5个功能挡中选择"奶酪烤面包片"挡即可。因为面包机里会产生蒸汽，所以奶酪和面包的水分流失较少，风味也不会受到影响。只需四五分钟，就能烤出绝妙的焦酥感。浓郁的芳香和奶酪长长的拉丝模样真是让人欲罢不能。有了这款烤面包机，就算是超市卖的普通面包，也能做出绝顶的美味。

我也喜欢用烤架烤面包

🕐 2.15　上午 10:30

在入手烤面包机之前，我都用烤架来烤面包。就算现在，我也偶尔把烤架放在燃气炉上烤面包。先把烤架加热至几乎要冒烟的程度，再放上面包，这样面包表面就能烤出漂亮的网格形状。因为是直接放在火上烘烤，所以烤出的面包香味独特，外酥里软。即使是放凉了再吃，味道也是惊人地好。唯一的缺点就是烤面包时得一直有人在旁边守着，但还是值得一试的哟！

蓬松厚实的鸡蛋三明治
截面又萌又可爱

🕐 1.5　上午 7：00

用六片装切片面包来做早餐——蓬松厚实的鸡蛋三明治，这就是所谓的"截面萌"吧。把三明治切得如此漂亮可爱，我这一大早的心情也变得欢快起来。给面包铺上奶酪进行烘烤，再在两片面包之间夹上黄芥末粒鸡蛋沙拉和豆苗。面包的话，烤过会比没烤过的更容易切开。另外，最好在奶酪化开的时候，用力压着三明治，将馅料紧紧地黏在一起再下刀，这样切起来会比较省力。

① 2015.10.30　上午 6:30

恶搞蛋包饭便当

　　我喜欢创意且有趣的东西。买文具、衣服或小狗用品时，也总是挑选那种既可爱又有趣的，烹饪也不例外，总是忍不住想恶搞一番。图片中本来是个挺可爱的蛋包饭便当，我突发奇想地给它安上了眼珠，在薄薄的蛋皮上划出一个小口做成嘴巴的形状，再滴几滴番茄酱，看上去好像在流血，是不是就像摇身变成了一个可爱的小妖怪啊！

① 10.13　上午 6:30

小妖怪咖喱便当
这可是个精细活

　　每当在社交网站上看到别人晒的惟妙惟肖的造型便当时，我都会顿时心生敬意，所以也会做一些简单的小妖怪便当。就像图片中的这种，虽然小得几乎看不见，但它们可是有白眼珠的呢。用吸管在奶酪上按出一个圆形，然后垫在黑眼珠的下面就可以了。眼睛、鼻子和嘴巴是用紫菜做的，因为只有普通剪刀，为了尽可能地把他们剪出细细的线条感，每一刀都剪得小心翼翼，紧握剪刀的手止不住地哆嗦。这小妖怪的可爱模样可真是费了我不少工夫呢（哈哈）！

① 11.2　上午 6:30

每日便当开心做

　　今天做的是煎蛋汉堡包便当。将樱桃萝卜切成小蘑菇模样摆盘装饰，样子十分可爱。我们夫妻俩都是上班族，每天的便当都得做两份。为了让老公看见我做的便当就能变得开心，我会在便当里加进白、绿、红、褐、紫或粉五种颜色。现如今我俩都在减肥，虽然有时也会偷懒，但最起码的一日三餐的均衡饮食还要保证，所以便当非常关键。

**cao_life
的小妙招**

看起来很好吃！
拍摄美食的 3 个小诀窍

这样照面包甜点会显得更诱人！达人cao_life教你拍摄各色美食。

1

在餐碟旁放杯子等其他小物件，以使画面层次感更丰富

图片的主角肯定是主食，因此首先要确定好主食的摆盘造型，然后调整好拍摄角度，在镜头内空白处摆上一些小物件。

2

不要将同色系的物品摆放在一起，特别白色系的！

食物的配色也很关键，特别是面包或米饭等，白色或米色的颜色偏多，如果扎堆摆放在一起的话，会有种不够立体的感觉。因此，同色系的食物最好间隔合适的距离摆放。

其他诀窍

"最重要的当然是自然光。所以说早餐（特别是面包），总是看起来格外地诱人。遇到早上光线不好的时候，我还会特意把餐桌挪到窗边，以拍出好看的照片。使用三脚架也能起到不小的作用。也许有些夸张，用了三脚架后我才明白，原来之前照相手抖得不是一般厉害啊！"

3

把绿色作为重点

不管是一份小沙拉，还是一个小钵，抑或一片香草，绿色的物品总能使料理充满生机。所以，千万记得在摆盘中加入绿色，哪怕是一丁点也行。如果能凸显出一定的高度，那效果就更棒了。

美味健康的料理
让宝宝茁壮成长

————

日本东京都·公寓
夫妻 +1 个孩子（3 岁）

厨房时间		早上	中午	晚上	
	工作日：	☀	☀	🌙 1 小时	
	休息日：	☀	☀	🌙 1 小时	

厨房的清扫频率	灶台四周：每日一次 水槽四周：每日一次	采购频率	每周一次

最爱厨事	如果冰箱里备有足量的常用菜，烹饪时就不会花太长时间，这样我便有空收拾收拾厨房，然后一门心思地制作小点心，心中的幸福感简直难以言表。我真希望自己能细致地完成烹饪的每一道工序，就连包保鲜膜也丝毫不用吝啬时间。

出门前记得提前做好烹饪的准备工作

如果有事需要临时出趟门的话，我会在出门前将烹饪的准备工作做好。回来后，不碰砧板不拿菜刀，直接开火烹饪就好。今天，我提前把米给泡上，准备好主菜（姜汁烧肉）和味噌汤的配菜，再把拌沙拉用的菜洗净备好。回家后直接煮饭、炖汤、烧菜，然后再摆出常用菜，餐桌立刻变得丰盛起来。好啦！温馨的晚餐大功告成啦！

🕐 2016.2.17 上午 10:00

厨房那些事儿，对你爱不完

最近，我再次深切地体会到，如果用心烹饪的话，你的这份心意定会打动家人。当老公和儿子一边说着"好吃！好吃！"，一边狼吞虎咽地把盘子一扫而尽的时候，不论我的身体有多么疲惫不堪，内心都会无比喜悦。就连清扫厨房也变得不那么讨厌，我常一边清洗用了一天的抹布，一边对自己鼓劲说："今天辛苦了！"。这样便能以饱满的热情迎接第二天的到来。

🕐 2.13 下午 10:00

() 2.10　上午 7:00

早上，泡一壶咖啡，小酌小憩

　　如果一大早就紧绷着神经拼命工作的
话，到了傍晚定会元气大伤，精疲力竭。
所以，在需要带孩子参加兴趣班或者有工
作外出计划的时候，就需要对一天的行程
进行合理的安排。这样的日子，充分利用
好常用菜，能使早晨变得不那么慌乱。今
天，我的行程还不算太满，姑且泡一壶咖
啡放松放松，再泡好咸味米酒，准备好最
爱的滴漏咖啡壶和珐琅水壶，慢慢享用。

() 2.8　上午 11:00

方便拿取的收纳小妙招

　　我一般隔一天做一次面包，每周做一
次派或者洛林糕。做得多了，使用的食材
也日渐丰富起来，光是糖，就有糖粉、红
糖、黑糖、烹饪用砂糖等数种。食材多
了，如何将它们收纳得井井有条、便于拿
取成了难题。我通常会用玻璃收纳瓶（品
牌：CHABATREE）。因为瓶身透明，瓶
内物品一目了然，所以贴标签的工夫可以
省了。这种瓶子用起来很方便，我常用它
保存杂鱼干、海带等做高汤的底料，或者
茶叶、可可粉等冲泡类饮品。

⏱ 2.2 　上午 10:00

冰箱里的蔬菜一周清空一次

　　我认为，冰箱里的蔬菜应尽量在一周内吃光。因为每周三，我家都会收到很多生协买的产地直销的蔬菜，所以在周三之前，我都希望冰箱里的蔬菜能被消灭得干干净净。如果冰箱里没有蔬菜，那家里一定是备了不少常用菜。这样能为制作便当或日常烹饪节省不少时间。所以，我喜欢在每周三之前，尽可能腾出冰箱放蔬菜的空间。明天就是周三了，我今天一口气做了6道常用菜。

⏱ 1.31 　上午 11:00

最爱的"完熟"番茄酱

　　因为孩子还小，买食材时我一般选择送货上门服务，调料一般会网购。虽然上面的商品价格不算便宜，但种类繁多，且常能买到一些不常见的调料或食材，它们能给每天的烹饪增添一些趣味性，这点很合我意。图片里的这款番茄酱是我家的必备品。它甜味适中，番茄味浓郁，既可以用来做蛋包饭，也可以做蔬菜杂烩或者肉酱等，是个万能调料。

巧用常用菜制作派

　　今早，我悠闲地做了一盘早餐。常用菜不仅可以当作副菜，还可以用作派的馅料。因此，如果家里有常用菜的话，可以不用额外花时间做派的馅料，烤派的时间也就相对宽裕了不少。我这次使用的常用菜有意式青酱、脱水番茄、酒糟蛋。再配上自家手工酿造的蛋黄酱和牛油果，一同放入烤箱烘烤即可。冷冻的派皮切成正方形后对折，沿折线外的其他三条边剪出一个边框，再将边框在面皮上交错折叠，这样就能呈现出图片中可爱的造型了。

🕘 1.27　上午 9:00

用味噌酱做即食味噌汤

　　我家的家酿味噌味道渐好。将红味噌和自制味噌混合后，加入酱油酒曲、制作高汤的底料、杂鱼干和柴鱼厚切片，静置4日后，便可作为味噌酱底来腌渍蔬菜。今天，我就是用这种味噌做了即食味噌汤。加开水冲泡味噌，再放入大葱和麸就完成了。陪儿子练习骑车的日子里，我会用纸杯装上味噌和配菜，再带上热水壶和饭团，这样就不用为吃饭问题犯愁了。

🕘 1.26　上午 10:00

好的调味料还原食材的本味

我们全家都爱吃蔬菜。不论是蒸煮还是煎烤蔬菜，都能化身为美味佳肴。但我最爱的，还是用简单的调味还原食材本味的料理。所以，我会不惜花大价钱选购上好的调味料。今天做的凉拌圣女果腌海带做法就很简单，在圣女果里加入腌海带，再拌上蒜泥、盐、芝麻油就完成了。这道菜既是一道凉菜，也可以撒在石锅拌饭里做辅料，怎么吃味道都很好。为了更好呈现食材的本味，我选用的调味料是网购的一种叫"雪盐"的盐。

🕐 1.12　上午 11:00

新年里的小奢侈

我买了一些平日里不常用的高品质调味料以备新年时使用，有日产大豆酱油、味醂、刺身酱油、酒和醋。其中"富士醋"是我头一回买，它是一种纯米醋，据说是以无农药栽培的新米为原材料，经过一年多的陈酿才得到的醋，我试着用它做了醋浸鱼丝。要说品质最好的调味料，最让我吃惊的就是味醂。用它做料理，不仅可以减少砂糖的用量，连煮鱼和煮菜的酱汁的光泽度都变得不一样了，比我以前在超市买的便宜货好用多了。

🕐 2015.12.21　上午 6:00

做常用菜的小心得

制作常用菜时，我一般会注意两个要点。一个要点是"随意的分量、刚好的味道"。这个源于母亲曾经教给我的一句话"随意便是刚刚好"。调料分量不用精确，都是估量着给，最后注意在食物烹调得恰到好处时关火出锅。另一个要点是，善用醋、酒曲、味噌等发酵食品。例如，土豆牛肉里可适当加些红味噌，还可以用咸酒曲腌渍鸡肉做腌泡炸鸡。

🕐 10.6　下午 1:00

购入四种酒曲

我家经常自酿酒曲。因为用得非常快，所以今天我做了四种酒曲，有咸酒曲、酱油酒曲、玄米酒曲和甜酒曲。制作方法很简单，在酒曲里加入开水、盐等搅拌均匀，从第二天早上开始，每天搅拌酒曲，发酵2周左右即可。酒曲分散曲和块曲两种。我比较推荐用块曲来发酵，因为它不仅发酵能力强，而且味道还能很好地渗透进食材里。

🕐 10.18　上午 8:00

手工制作横幅彩旗过生日

　　昨天是儿子3岁的生日。这两天我带着儿子品尝了美食，还去迪士尼玩了一趟。今天，我们在家里布置房间来给儿子庆祝生日。横幅彩旗虽然都是些碎布头做成的，但是每年都能派上用场。看着做好的横幅，儿子满眼放光，非常开心。我准备了不少常用菜，因此有了更多时间和儿子一起烤面包、做甜点。我希望以后也能多抽时间陪陪孩子。

🕐 2016.1.21　上午 8:00

常用菜，有空就多做一些吧

　　今天老公休息，一大早就带着儿子出门玩了，留我一人在家悠闲自得。我一边喝着咖啡，一边做我的常用菜。我做了日式年菜筑前煮和醋泡红白萝卜以备过年时用，另外还做了今晚的晚餐"蔬菜满满"等11道菜品。"蔬菜满满"这道菜就是将很多蔬菜紧紧地码在一起，淋上松露盐和橄榄油后放入烤箱烘烤即可。蔬菜有彩椒、圣女果以及西蓝花等，在蔬菜上铺生火腿和卡蒙贝尔奶酪即可。

🕐 2015.12.26　下午 1:30

健康有机的小岛生活
珍惜大自然的馈赠

————

日本爱媛县 · 平房
夫妻 ＋3 个孩子（分别为 1 岁、4 岁和 6 岁）

	早上		中午	晚上
厨房时间	工作日：☀ 2 小时 休息日：☀ 2 小时		☀ 30 分钟 ☀ 1 小时	☽ 1 小时 30 分钟 ☽ 1 小时 30 分钟
厨房的清扫频率	灶台四周：每次饭后 水槽四周：每次饭后		采购频率	每周一次
最爱厨事	用自家种的柑橘发酵而成的天然酵母做面包。忙碌的日子里我总会忙里偷闲，静静地看着酵母慢慢发酵、等着面包渐渐地烘烤成形。看着出炉的面包，和家人商量第二天早餐吃点什么，还有比这更幸福的时刻吗？！			

让人身心愉悦的海枣馅点心

今日点心。今天我给孩子们做了团子、大豆粉和枫糖浆。给大人们做了团子、海枣馅以及风味柑橘酱。我常做海枣馅，先将红小豆煮熟，加入切碎的海枣后煮沸，放置一晚。次日再次煮沸至水分烧干，加入盐调味，这样做红小豆吃起来会更甜。

🕐 2015.12.9 下午 2:00

快乐家务控

午后，孩子们吃完小点心一般会去户外玩滑板车或骑自行车。今天也如往常一样，高高兴兴地出了门。我非常喜欢做家务活，属于那种可以一直待在厨房，或者一直打扫卫生、清洗衣服，而且永远不会腻的类型。但我也很喜欢和孩子们一起嬉戏，同时也喜欢工作，喜欢做面包和点心。家务活虽然做起来永远没有尽头，但我却能在每天的重复中发现新的趣味，想停都停不下来。

🕐 10.14 下午 3:00

用老公捕获来的野猪自制培根肉

我所在的小岛劳动力严重不足，耕田也日渐荒废，所以野猪不断繁殖，以致泛滥成灾，仅剩的农田也被糟蹋啃食，大家苦不堪言。想着猎捕野猪也算是造福小岛居民，所以老公特意去考了狩猎证，还研究了杀猪、放血、保存猪肉等方法。现在，还偶有岛民向我们讨要猪肉吃，每当这个时候，我们内心都无比得意。精心熏制的猪肉培根是我们家餐桌上的常客。

🕐 4.7 下午 7:00

① 3.7　上午 10:00

我家的奇特收纳架——柑橘木箱

　　和苹果木箱一样，还有一种装柑橘的木箱（现在一般用集装箱装），常被用来做收纳箱用。一天，我在家中的仓库里，偶然发现了一堆闲置的柑橘木箱。木箱虽旧，但却不腐，我用刷子将它们清洗干净后，立马当作收纳柜布满了全家。我家没多少收纳柜，这些木箱摇身一变成为了食材储存柜或书架等家具，我们都很爱用。

① 1.30　下午 1:00

邻居的心意

　　这是几天前的事了。我们一到家，发现晾衣竿上挂了一纸袋满满的草莓。"哇！有草莓吃啦！"孩子们幸福地尖叫起来，这样类似的事在乡下经常发生。后来我们得知草莓是邻居阿姨送的，这才算放心。草莓非常甜，真是太感谢了！趁着草莓还没被吃完，我取了一些放进冰箱。参照食谱，我准备做豆腐白巧克力布朗尼，在上面点缀几个草莓就可以放进烤箱里烘烤了。

① 1.27　上午 5:00

自制伊予柑天然酵母，咕噜咕噜冒泡了

　　制作面包用天然酵母。我家是栋老宅，室温很低，所以会将酵母放在火炉旁发酵。制作方法很简单，将伊予柑、两倍于伊予柑体积的水、1大匙砂糖放入消毒干净的瓶子里，盖上盖子。之后每天打开一次放进一些空气，几日后，瓶内就会生出密密麻麻的小泡泡，待泡泡完全消失时，酵母就算做成了。干酵母如果发酵过度的话，就无法用了，但是天然酵母则不同，就算稍微有些发酵过度，味道还是很好。

用窑炉锅做披萨

废木材燃烧后形成的碳，不用的话太可惜了。我灵机一动，准备用它和窑炉锅来烤披萨。窑炉锅的产生，源于烤制单人份面包的点子，它的特点是，用的柴火少，而且几乎没有烟。在平底锅上面，铺上砖头或瓦片等储热性好的材料，再盖上烹饪用的半球形碗，生上火，一个窑炉锅就做成了。孩子们给披萨放上蚕豆、芦笋、洋葱，只消烤15分钟就可大功告成。

🕐 2014.5.25 上午 11:00

茁壮生长的蔬菜

这是今天的收获。我是名果农，但是夏天也会种种蔬菜。白萝卜、红皮萝卜、小松菜，用的都是不耕田、不施肥的栽培方式。也不做垄，所以白萝卜的根能长很长，这也是大自然本来的模样呢。因为蔬菜不外卖，只是自家人吃，量是肯定够的。我想多研究研究下土著微生物，要是以后也能在通信贩卖上卖蔬菜就好了。话虽如此，我平时也琐事缠身，分身乏术，院里的杂草还来不及修整呢！

🕐 2015.10.14 上午 8:00

蒸煮红小豆、米饭的厨房神器

　　一个在日本三重县陶器厂工作的朋友送了我一口砂锅，我用它做了一份清淡的红豆粥。我喜欢看着可爱的红豆在砂锅里"咕嘟咕嘟"翻滚的样子。最近做米饭我也爱用这口锅。以前用炉火烧饭的话，饭煮好没多久就会变得很黏稠，这点我一直很烦恼。用这口砂锅的话，也不用考虑火候，煮出来的饭软硬适中，堪称完美。昨天我就用它做了黑豆米饭。虽然没用过电饭煲，但我认为明火做出的米饭还是很好吃的。

🕐 2016.1.12　上午 10:00

又是一年橘红时

　　今年又是个柑橘丰收年。从全家移居至濑户内海的这座小岛上开始，橘农生活已有四年之久。我们无农药或低农药栽培了好几种柑橘，有温州蜜柑、伊予柑、丑橘等。得益于充足的阳光、石垣独有的地热及海风的滋养，柑橘不仅味道浓郁，还富含一定的矿物质。在这之前，老公只不过是个普通的公司职员，移居小岛后的一年左右的时间里，大家的确也遇到过不少困难，也一度想过离开。但现在，这里已然变成了我们的天堂。

🕐 2015.10.14　上午 8:00

🕐 8.30　下午 8:00

用冷冻番茄裂果做浓郁番茄酱

　　我用冷冻的番茄裂果做了一次番茄酱，这个冷冻番茄裂果非常好用。经过冷冻的番茄，用凉水稍微一洗就能轻易把皮剥下，解冻后的番茄会流失不少水分，所以味道也会变得更加浓郁。做法是将剥皮后的番茄放入搅拌机内打成泥，再加入香料熬制2小时即可，这样番茄就能从最初的西瓜汁状变成浓郁的酱汁状。加入适量的米糖和洗双糖（一种日本糖），让甜味保持适中。加了香料的番茄酱，味道变得格外丰富。

🕐 3.13　上午 8:00

花整整五天自制羊栖菜

　　每年羊栖菜（一种藻类植物，别名海菜芽等）的采集禁令解除的时候，丈夫就会买来采集许可券，然后按照潮汐表上退潮的时间，去海边采集羊栖菜。采来的羊栖菜洗净后，用剪刀将根部剪去，再洗去多余的海藻。然后，用旧式铁锅煮4小时左右，静置一晚，次日开始放在网上进行晾晒。阳光下晒3天左右，晚上需收回室内以避免沾染夜露。待羊栖菜彻底变干燥就算做好了。这是散发着春天气息的濑户内海产羊栖菜。

ｍｏｙｕ♡的厨房

巧用便宜货
打造简单又可爱的餐桌

———————

日本爱知县·公寓
夫妻

厨房时间		早上	中午	晚上
	工作日：	☼ —	☀ —	☾ 1 小时
	休息日：	☼ 30 分钟	☀ 50 分钟	☾ 1 小时 20 分钟

厨房的清扫频率	灶台四周：每月一次 水槽四周：每次饭后	采购频率	每周一次

最爱厨事	我很喜欢为老公准备晚餐，也很享受在节假日做午餐。平时我俩的下班时间不一样，也不常在一起用餐。所以，难得两人都在家用餐的时候，我会精心准备可口的料理，布置好餐桌，希望能为老公带来一些惊喜。

蔬菜分量多多、火锅美味爽口

对于我这种平日里总是想着如何简化用餐的人来说，火锅可谓心头最爱。汤汁的话，选用块状火锅底料，两人份的量用起来也不会太浪费，非常方便。餐桌试着以蓝色为基调。在蓝色的方格平纹桌布上，白色沙锅配上蓝色花纹图案的腌菜小碟以及淡蓝色的筷子架，托盘选用竹制品。

🕐 2016.2.10　上午 8:30

巧用小餐碟做日式定食

今晚的食谱是日式定食。在购置的半月盘上放盐烤青花鱼，搭配大叶和香橙，我很喜欢像这样摆弄各种餐碟。即使是相同的料理，也会因为餐碟的变化带来不同的观感。然后，在日式的竹筐里，放上颜色鲜明的三个小钵，不但可以使菜品显得丰富，也进一步凸显了日式主题，非常方便。

🕐 2.1.　下午 9:00

色彩明亮鲜艳的盘餐

　　今天的晚餐有炸鸡鸡蛋单层三明治、土豆奶汁烤蘑菇培根、番茄鸡蛋汤和沙拉。奶汁烤菜的做法很简单，将剩菜填满法式小盅，放入微波炉加热，然后铺上一层奶酪，再放入烤箱内烤制即可。我把所有食物都摆在了我最爱的木质餐盘上，是不是有一种在咖啡店用餐的感觉，就连老公也直夸我专业。

🕘 11.28　下午 9:00

一人份的松饼午餐

　　我用市售的松饼粉做了一人份的松饼午餐。午餐的造型设计以红色为基调，在木质餐盘上铺红餐纸，桌布选用可爱的红色方格平纹布，再搭配水珠花纹的叉子、装糖浆的小瓶及垫玻璃水杯的茶色毛毡垫。在厨房纸上挖出LOVE的字样，放在松饼上，再撒上糖粉，就能做出图片中的模样了。

🕘 2015.1.18　下午 1:30

用百元店壁纸打造咖啡馆风情厨房

　　厨房的氛围也可以很时尚。壁纸我选用砖墙壁纸，整个墙面都贴的话会给人压迫感，所以只贴在炉灶附近靠下的墙面上，其他空白的地方则贴透明墙纸。餐柜用纸做成雨篷状的小装饰，只需把颜色从简单的红色变成茶色的方格平纹，厨房立刻就有了咖啡馆即视感。

🕐 7.30　下午 2:00

关岛风味重现——火腿饭团套餐

　　实在是太想念在日本关岛吃过的火腿饭团的味道了，索性用午餐肉试着还原记忆中的味道。午餐肉按喜好切成一定的厚度，加入味醂、酒、酱油做成照烧风味。在捏好的饭团上涂上蛋黄酱、撒上黑胡椒，再放上午餐肉，最后用紫菜从中间卷好就可以了。将整个饭团放进午餐肉的罐子里，盖上保鲜膜并将米饭压实，做法还挺简单。

🕐 4.26　下午 8:30

用小饰品装点老公的生日趴

　　今天是老公的生日。我把本想用来装点蛋糕的迷你横幅挂旗插在奶酪火锅的菜码上，晚餐立马有了满满的生日趴的感觉。餐桌上色彩鲜艳，有一种不同于往常的时尚感。

🕐 12.11　下午 8:00

moyu♡推荐

可爱、实用又物美价廉的餐具

百元店能买到很多既可爱又实用的餐具，尤其推荐给大家的有以下4种。

选餐盘的话
推荐皂荚木餐盘
（品牌：NATURAL KITCHEN）

餐盘可以轻轻松松使做出来的食物看上去充满时尚感。不管餐具的颜色、食物的口味有多么杂乱，只要将它们一同放上这简单的餐盘，立刻就有一种在咖啡馆用餐的感觉。而且，如果在餐盘上再铺一层厨房纸，把食物直接盛在上面的话，连洗碗的活儿都可以省了。

选马克杯的话
推荐耐热玻璃杯
（品牌：大创）

我很喜欢这个杯子，又薄又轻、方便手拿，而且又略带个性的设计感。因为杯子是耐热材质的，所以可直接倒入咖啡或玉米汤等，很方便。杯身透明，不失时尚。咖啡的分层感、汤汁的鲜艳色泽无不给餐桌增添一份设计美感。

选小钵的话
推荐色彩缤纷日式小钵
（品牌：CAN DO）

我很喜欢这种日式小钵。在设计日料装盘时，将鳕鱼子、梅干肉等小分量的食物装进这种日式小钵的话，装盘会立刻变得时尚起来。不管食物的颜色多么古朴雅致，只要合理搭配华丽的餐具，餐桌也能立马变得华丽起来。

选刀叉的话
推荐木质刀叉
（品牌：NATURAL KITCHEN）

木质汤匙倒是随处可见，木质叉子则不然。图片中的木质汤匙和叉子是一对装，而且也很实用，实属罕见。在我看来，餐桌布置中如果出现银色的话，就会显得不那么天然质朴，所以这对餐具就显得尤为珍贵了。我常用它们来吃盖浇饭这类食物。

收纳达人告诉你——冰箱收纳小窍门

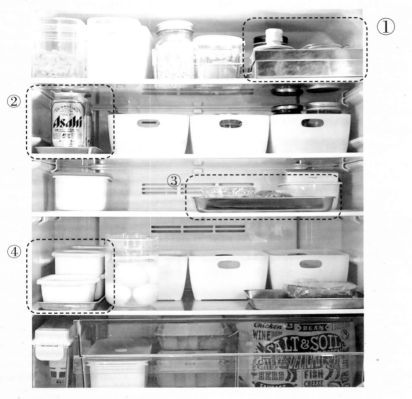

kico

巧用托盘让取物更轻松

① 放在盒状托盘里的自制调味料
② 啤酒区域
③ 当日需要用到的食材
④ 常用菜即使放在最里侧也能轻松取出

我收纳冰箱的诀窍，首先，一个是把常用的物品放在托盘里收纳，另一个就是尽量空出每一层的最外侧空间。例如，梅肉味噌、酱油腌花椒等自制调味料放在右上方（见①），罐装啤酒放在第二层的左侧（见②），所有物品都放在特定的托盘里。餐食以及常用菜全部放在细长条的托盘里（见④）。这样即使是最里侧的物品拿取也很方便，而且菜品数量一目了然，能防止食物的过量储存。其次，每一层的最外侧空出一半，可以用来放置当日需要用到的食材以及剩余的食材。例如，正在解冻的食材及已经处理好的蔬菜（见③）等。把它们放在浅的托盘里，烹饪时再把整个托盘端去厨房就可以了，十分方便。

tami_73

④ 放进密封袋里的已切好的蔬菜
③ 放常用菜的隔层
② 尽量空出的隔层
① 腌制品名称用标签标明

　　我的冰箱收纳原则是："一打开冰箱，就能立刻找到想要的东西"。在存放和拿取食材时，我努力做到，每种食材都有它固定的存放位置，而这也关系到常用菜的制作效率和使用效率。首先，大致定好每一隔层放置的物品的种类。最方便存放物品的第三层尽量空出来（见②）。这样，在烹饪过程中，如果有想立刻冷却的锅或方盘的话，都可以临时放在这里。做好的常用菜放在第四层（见③）。味道比较重的食物放在珐琅容器里。最下层放切好的蔬菜等（见④）。给腌制品都贴上标签（见①），这样看起来一目了然。

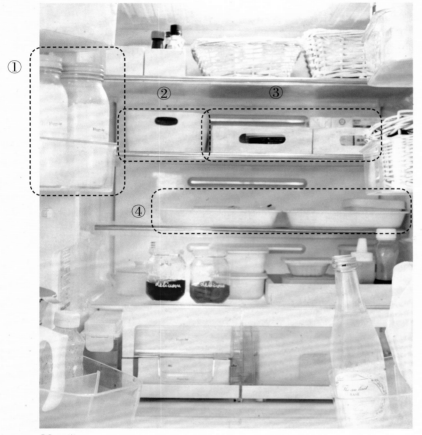

① ② ③ ④

38petite

即使是冰箱里，也用最喜欢的白色

④ 肉和鱼放在珐琅托盘里
③ 做点心的食材放在白色盒子里
② 孩子吃的小零食全部放在盒子里
① 粉状物分装在瓶子里

　　我家室内装修主基调是白色。我想："如果冰箱里的物品也全部统一成白色的话，也许烹饪和家务的心情也会变得愉快起来！"于是，便试着把冰箱的收纳容器和收纳方式变成了图片里的模样。

　　低筋面粉和高筋面粉等粉状物用透明的瓶子分装（见①）。外包装颜色各异的食品类就统一放在白色的盒子或篮子里（见②和③）。这样给物品分门别类，不仅能让外观更清爽，而且方便清点库存，方便清理打扫。

　　收纳容器大部分选择珐琅材质的。最主要的原因自然是因为珐琅是我喜欢的白色，而且它还可以防止串味，特别适合用来储存肉和蔬菜（见④）。

holon

　　冰箱是用来保存食物的，所以保持干净是首要的。需要注意不要盲目购物，不要把冰箱塞得太满，且容易腐烂的食材要放在醒目的地方。例如，水煮蛋和常用菜放在保鲜盒（品牌：怡万家）里（见②），马上要用的蔬菜放在白色托盘里，再放入和自己视线平行的隔层里（见③）。烹饪前把整个托盘取出，这样就不会有食材忘记处理了。另外，把纳豆和豆腐拆成单独包装存放，这样对收纳的数量可以一目了然（见④）。因为是每天都要吃的食物，所以家里常备一些很正常，如此收纳可以避免买太多导致的浪费。味噌和茶包也是常用品，但考虑到尺寸大小的问题，所以将它们放在比较高的地方，保存在附带手柄的珐琅容器里（见①）。

① 高处隔层的收纳选用带手柄的容器
② 瓶身透明的玻璃容器
③ 正准备用的蔬菜放在显眼的位置
④ 纳豆、豆腐的收纳做到数量清晰化

厨房里的小愿望

我希望把厨房打造得更吸引孩子们的注意，让他们乐意帮我一起烹饪佳肴。烹饪常用的器具家里基本已经备齐，所以我不打算再添购新的，希望能好好护理它们，让它们一如既往地好用下去。/holon

我家新建不久，所以现在算是最完美的状态。特别是半岛型厨房，空间非常宽敞，我很满意。吧台也非常宽敞，能高效完成从准备工作到烹饪、配膳的一整串工序，自我感觉烹饪手艺都因此得到了提高。/yumimoo65

我很想要一些能让食物显得美味可口的小餐具，如TY系列的菊花盘（品牌：ARITA JAPAN）、芬兰的露珠系列的玻璃碗等。希望这样一些小的装饰物能够提升我的做饭热情，让我从此更爱厨房。/naa

我很想自己尝试做像味噌、耗油、纳豆这样的调味料或食物。首先，想把空间收拾得井井有条；其次，希望厨房能够放下很多我的自制手工食品。/kei

我想把厨房改造成全不锈钢风格，使它看起来更像个厨房。其次，如果可能的话，我想有一个食物储藏室。空间不用太大，合适就好。因为如果有这样一个单独的收纳场所的话，空间看起来会显得更清爽，烹饪效率也能得到提高。/kico

我希望能发现一些越用越喜爱的茶具和杯子，然后把它们展示在装饰柜里，想想就觉得很棒。/aoi

我一直不知道该如何整理灶台下侧乱糟糟的收纳空间。最近，我在家居店里发现了一些不错的收纳小玩意，终于能和灶台下侧的杂乱说再见了。虽然我现在住的是公司宿舍，但也梦想着有一天能住进属于自己的房子，能拥有一间自己钟爱的厨房。/kozue._.pic

我目前正在研究家里可以用来收纳的场所和收纳方法，希望能把家里收纳得井井有条。今年新学期开学后，我就要重返职场了。我准备挑战做常用菜，并希望能养成做常用菜的习惯。/SEKOO102

我想在水槽一侧的吧台表面贴上马赛克瓷砖。吧台表面面积不小，而且还得充分考虑防水功能，我一直不知该如何下手。另外，我准备把固定在墙上的餐具柜拆了，并减少餐具的数量，以使厨房背面看过去更清爽简洁。/loveryzakka

我家以厨房为重点进行了二次翻修，翻修效果图完全由我设计，最后的效果我很满意，希望在这个厨房里能度过更多美味又快乐的时光。我有个非常会做饭的朋友，希望她的料理教室能开在我家厨房。/miyano1973

我喜欢买一些古香古色的家具或小物件给家换个模样，也会经常DIY，给墙面来个大变脸。接下来我想在厨房和客厅中间做一个自然的隔断，目前打算装一个附有通天锁的古式风窗框来达到这个效果。/38petite

最近刚给家里做了翻修，但家具还没选好，房屋也尚在布置中。我准备买一个新的餐具柜，DIY一下厨房墙壁，如给它贴上瓷砖等，希望把厨房打造成我心目中的模样。/tami_73

我家现在用的烤炉是红色的，我准备这次换一个白色的。我家不论是冰箱还是橱柜收纳，基本都是选择白色作为主基调，这样空间看起来会更清爽。/masayo

我想买一个更大一点的餐具柜。希望能在里面摆下我收集的好看的餐具。如果可能的话，我希望能根据家里的空间以及使用习惯定制一个。/cao_life

我想换一个更大一点的餐具柜，这样餐具收纳和拿取都能更省心。最近，我对食材最原始的烹饪手法、保存手法以及餐具产生了强烈的兴趣。我想通过博客和更多的人分享我的心得，也希望有一天能教给孩子们更多关于这方面的知识。/aatan妈妈

如果要给我家的厨房打分的话，我会打100分满分。虽然厨房旧、小、冷、暗，但每次外出归来，厨房总能带给我家一般的温暖，让我放下一切烦恼，轻松自在。希望不久的将来，厨房能招徕更多朋友和邻居，一起和我分享美食。/ayumm_y

我想增加收纳空间，收集很多可爱的餐具。我准备建一栋自己的房子，如果厨房足够大的话，我一定要实现这个小愿望！/moyu♡

图书在版编目（CIP）数据

厨房那些事儿 / 日本株式会社X-Knowledge编著；何恒婷译. —北京：中国轻工业出版社，2017.11
（悦生活）
ISBN 978-7-5184-1588-5

Ⅰ.① 厨… Ⅱ.① 日… ② 何… Ⅲ.① 家庭生活 - 基本知识 Ⅳ.① TS976.3

中国版本图书馆CIP数据核字（2017）第215173号

版权声明：

MINNA NO DAIDOKORO SHIGOTO
© X-Knowledge Co., Ltd. 2016
Originally published in Japan in 2016 by X-Knowledge Co., Ltd.
Chinese (in simplified character only) translation rights arranged with
X-Knowledge Co., Ltd.

策划编辑：龙志丹　　　　　责任终审：劳国强　　　整体设计：锋尚设计
责任编辑：高惠京　斯琴托娅　责任校对：晋　洁　　　责任监印：张京华

出版发行：中国轻工业出版社（北京东长安街6号，邮编：100740）
印　　刷：北京博海升彩色印刷有限公司
经　　销：各地新华书店
版　　次：2017年11月第1版第1次印刷
开　　本：720×1000　1/16　印张：8
字　　数：150千字
书　　号：ISBN 978-7-5184-1588-5　定价：42.80元
邮购电话：010-65241695
发行电话：010-85119835　传真：85113293
网　　址：http://www.chlip.com.cn
Email：club@chlip.com.cn
如发现图书残缺请与我社邮购联系调换
161231S1X101ZYW